人类爱欲演化史

从身体算法到数字时代的亲密关系

观尘

Verdict Press

版权信息

免责声明：本书从进化生物学、心理学与社会学的客观角度探讨人类爱欲与亲密关系，旨在为读者提供学术维度的系统性见解。书中内容不构成任何形式的专业心理咨询、两性关系指导或临床医疗建议。书中所探讨的进化机制与行为策略仅作客观看象分析，不代表作者或出版方提倡某种特定的道德立场或行为模式。出版方及作者不对因主观解读、使用或依赖本书信息而导致的任何情感纠纷、心理不适或行为后果承担连带责任。

ISBN: 978-0-6459372-4-4 (电子书)

ISBN: 978-0-6459372-5-1 (平装版)

目录

第一章 直立的代价：隐蔽排卵与配偶羁绊

第一节 直立悖论：告别丛林与骨盆演化

当今晚在昏暗的卧室里，指尖无意识地在交友软件上滑动，或者在拥挤的晚高峰地铁里与某个陌生人目光交汇而心跳加速时，我们很难会去回想人类历史的远古开端。然而，要真正理解最为隐秘、复杂的亲密关系，时间的指针必须向后疯狂拨动，跨越无数个世纪的文明更迭，回到一切故事的物理原点：几百万年前的东非大裂谷。在那里，大自然正在酝酿一场规模宏大、极其冷酷的气候剧变，而这场剧变将不可逆转地改写一种边缘猿类的命运，并为人类今天能够感受到的"爱欲"打造出最底层的硬件基础。

在漫长的地质岁月中，繁茂苍翠、几乎连成一片的原始雨林曾覆盖着非洲广袤的区域。对于我们的远古猿类祖先而言，那是一个丰饶且相对安全的立体伊甸园。在参天大树的树冠层中，食物唾手可得，茂密的枝叶提供了遮风挡雨的庇护所，也是躲避地面大型掠食者的天然堡垒。然而，随着地球板块的剧烈运动（尤其是东非大裂谷的形成与东部地势的抬升阻挡了印度洋的暖湿气流）以及随之而来的区域气候干燥，大自然无情地拨动了环境的转盘。广袤的连片雨林开始干涸、萎缩、碎裂，曾经的绿色海洋逐渐退化成了稀疏的林地，最终让位给了阳光暴晒、一望无际的金色稀树草原。[1]

---

[1] 这一假说在古气候学中被称为"大草原假说"（Savanna Hypothesis）。学者们认为，包括东非大裂谷的地势抬升与全球气候变冷在内的环境剧变，导致东非地区经历了长期的干旱化，促使早期人类从森林向开阔草原迁徙。Peter B. deMenocal, "African Climate Change and Faunal

栖息地的丧失，对于任何物种来说都是一场生死存亡的浩劫。对那些习惯了在树枝间荡来荡去、以森林为家的远古猿类来说，这无异于一场世界末日般的剥夺。一部分猿类选择随着雨林的退缩而退缩，死守着最后一点树冠层，它们演化成了今天的黑猩猩和大猩猩。而另一群也许是被排挤、也许是更具冒险精神的先驱者——我们的祖先，则被迫从安全的树上走了下来，踏入了齐腰深的莽莽荒草之中。

当祖先第一次双脚落地，站在那片危机四伏的开阔地带时，他们几乎是自然界中最脆弱、最不合格的猎物。那是一种令人窒息的生理绝望：在一览无余的平原上，他们没有猎豹那样极致的爆发力与闪电般的奔跑速度，没有狮子那样致命的尖牙利爪，没有大象或犀牛那样厚实坚硬的皮毛铠甲，甚至连体型都不占任何优势。高大的杂草无情地遮挡了视线，剑齿虎、远古鬣狗或是恐猫的致命伏击可能来自任何方向。

在从三维的立体森林跌落到二维的平面草原后，为了生存，为了能越过比人还高的草丛以尽早发现潜伏的掠食者，为了在毒辣的赤道阳光下最大程度地减少身体受热的面积，更为了腾出极其宝贵的双手来携带散落的食物、寻找水源或是抱着幼崽绝命狂奔，我们的祖先做出了一个在整个哺乳动物演化史上堪称疯狂的决定：他们用两条后腿，颤颤巍巍地站了起来。

这就是人类独一无二的“直立行走”。在今天看来，用两条腿走路是再自然、再平庸不过的事情。我们每天习以为常地穿梭在繁忙的城市街道，大步流星地赶地铁，或者在跑步机上挥洒汗水，很少有人会停下来意识到，支撑我们完成这些看似毫不费力的日常动作的骨骼结构，是一场多么惊险、多么反常且充满了残酷妥协的演化工程。

如果将视线从个体的日常行为拉大到演化生物学的宏观尺度，就会发现，从四足爬行到双足直立，绝非仅仅换了一种移动姿势。这是一场对身体建筑结构的彻底“违建”与重塑，其工程量之大、危险系数之高，无异于在不阻断交通的情况下，硬生生地把一座悬索桥改建成了摩天大楼。

对于黑猩猩或猎豹这样的四足动物而言，它们的脊柱就像是一座水平的悬索桥，沉重的心肝脾肺肾等内脏就像一个个包裹，安稳地悬挂在这座桥的下方。前后四肢极其均匀、合理地分担了整个躯干的重量。在这样的力学结构

Evolution During the Pliocene-Pleistocene," *Earth and Planetary Science Letters* 220, no. 1-2 (2004): 3-24.

下，作为后肢与躯干连接枢纽的骨盆只需保持修长、扁平，几乎不需要承担太大的纵向垂直压力，主要负责为后腿肌肉提供附着点，以产生向前的推进力。

然而，当人类强行站立起来时，灾难性的生物力学挑战便开始了。演化硬生生地将那座原本完美的水平悬索桥竖立成了承重柱。整个上半身几十公斤的重量，加上所有内脏在重力作用下的垂直下坠压迫，全部重压在骨盆这一个小小的结构上。更要命的是，直立行走要求在每次迈步的瞬间，巨大的身体重量和惯性产生的前冲力，必须全靠单腿支撑。从力学角度来看，这简直是一个极度不稳定的“倒立摆”状态，人类的每一次迈步，本质上都是一次精准控制的向前跌倒，然后在千钧一发之际由另一条腿稳稳接住。[2]

为了防止内脏在重力的拉扯下像破了底的袋子里的东西一样掉出来，同时也为了在两条腿交替迈步时保持身体重心的极度平衡，防止我们像企鹅一样左右剧烈摇摆，演化的盲眼钟表匠对我们的骨盆进行了大刀阔斧的野蛮改造。

演化的盲眼力量将原本修长平直的髂骨（构成骨盆上部的大骨头）强行向下压缩，使其向身体两侧大幅度拓宽，并像蝴蝶翅膀一样向前弯曲。经过这番不可思议的扭曲与重塑，人类的整个骨盆从一个狭长的“桨板”演化成了一个紧凑的、如同“碗”或“漏斗”状的复杂三维结构。这个坚固的“骨碗”成功地承托住了我们直立时沉重的内脏。与此同时，由于髂骨向两侧的延伸，我们的臀部肌肉群（这也是为什么人类拥有灵长类中最为丰满的臀部）得以改变其力学方向。臀中肌和臀小肌变成了像两侧的缆绳一样紧紧拉扯住骨盆的横向稳定器，确保我们在单腿站立时躯干依然能够保持挺拔，不会向一侧垮塌；而巨大的臀大肌则成为了防止躯干前倾的强大纵向稳定器。

这套紧凑而奇妙的“骨碗”系统，赋予了早期人类一项无与伦比的生存技能：极其高效的能量利用率。虽然我们在短距离冲刺上永远跑不过猎豹，但直立行走让我们在消耗极低能量的情况下，能够在非洲烈日下进行几十公里甚至上百公里的长距离跋涉。结合直立姿势带来的绝佳散热效率（全身裸露的皮肤排汗加上极小的受光面积），我们演化出了极其恐怖的“耐力狩猎”战

[2] 在生物力学中，人类的直立行走常被建模为“倒立摆”（Inverted Pendulum）模型。在这个模型中，支撑腿像一根倒立的钟摆，身体的重心在每次迈步时越过支撑点，这本质上是一种对重力势能和动能进行高效转换的“受控跌倒”。Giovanni A. Cavagna, N. C. Heglund, and C. Richard Taylor, “Mechanical Work in Terrestrial Locomotion: Two Basic Mechanisms for Minimizing Energy Expenditure,” *American Journal of Physiology* 233, no. 5 (1977): R243-R261.

术。我们没有利齿，但我们可以像不知疲倦的死神一样，在烈日下用几个小时的马拉松式追踪，活活把一只羚羊追到中暑力竭而死。正是靠着这个经过彻底重塑的骨盆，我们的祖先不仅在残酷的草原上站稳了脚跟，最终更是走出了那片神秘的大陆，将足迹印满了地球的每一个角落。[3]

然而，演化从来没有免费的午餐，大自然更是极其吝啬的放贷者。每一次巨大的生存飞跃，都暗藏着极其昂贵、甚至需要以鲜血来偿还的沉重复利。对于人类而言，为了获取这套完美的"直立行走系统"，人类虽然重塑了身体框架，却也因此触碰到了演化史上的一个致命悖论。

随着人类在开阔地带的不断适应，以及由于解放双手而带来的工具制造和火的使用，我们的饮食结构发生了翻天覆地的改变。富含极高热量的熟肉和骨髓，极大地减轻了消化系统的负担。那些原本用于维持庞大肠道运转的能量被释放出来，开始源源不断地输送给我们最具潜力的器官——大脑。我们的大脑开始以前所未有的疯狂速度膨胀，这便是演化人类学中著名的"脑化过程"。一个拥有更大脑容量的物种，意味着拥有更强的记忆力、更复杂的社交协作网络以及制造高级工具的能力，这在残酷的生存竞争中无疑是压倒性的优势。

但正是在这里，在人类引以为傲的聪慧大脑与赖以生存的直立双腿之间，一场灾难性的、几乎毁坏了整个物种前程的物理冲突爆发了。

为了保证直立行走的生物力学效率，以及牢牢支撑住直立时内脏的巨大下坠力，骨盆必须保持那个紧凑的"碗"状。这意味着，物理力学将骨盆底部的开口——也就是新生命降临必经的产道——死死锁定在了一个相对狭窄的尺寸上，无法无限制地扩张。而与之针锋相对的是，演化的另一股力量正在疯狂地推高新生儿的脑容量。一个体积越来越大、结构越来越复杂的头颅，即将试图强行通过一条根本无法变宽、甚至还为了双足直立而发生扭曲和变形的"骨盆漏斗"。[4]

---

[3] 哈佛大学的进化生物学家丹尼尔·利伯曼（Daniel Lieberman）等人提出了著名的"耐力奔跑假说"。他们指出，人类虽然缺乏爆发力，但凭借直立行走带来的受光面积减小以及发达的汗腺，拥有无与伦比的散热能力，这使得早期人类能够在炎热的白天通过"耐力狩猎"（Persistence Hunting）将猎物追逐至中暑倒地。Dennis M. Bramble and Daniel E. Lieberman, "Endurance Running and the Evolution of Homo," *Nature* 432, no. 7015 (2004): 345-352.

[4] 这一经典理论由体质人类学家舍伍德·沃什伯恩（Sherwood Washburn）于 1960 年提出，被称为"产科困境"（Obstetrical Dilemma）。它描述了直立行走所需的狭窄骨盆与人类不断膨胀的脑容量之间发生的严重演化冲突，这直接导致了人类婴儿的"次级晚熟"（Secondary Altriciality）现象。Sherwood L. Washburn, "Tools and Human Evolution," *Scientific American* 203, no. 3 (1960): 63-75.

在几百万年前的非洲草原上，一个狭窄的产道通道口，正在静静等待着一颗不断膨胀的巨大头颅。人类演化史上最惨烈的一次解剖学“大撞车”已在所难免，而为了收拾这场物理冲突留下的烂摊子，人类的繁衍与亲密关系，即将被迫走向一条没有任何动物走过的歧途。

第二节 宿命早产：巨脑与产道博弈

非洲塞伦盖蒂草原的旱季，一只待产的斑马在一阵抽搐后产下幼崽，小斑马裹着羊水跌进尘土中。几分钟后，它开始努力撑起纤细的四肢；二十分钟内，它颤巍巍地站立起来；不到一个小时，这只新生儿就能紧跟母亲奔跑，甚至可以在狮群的追击下尝试逃生。在自然界中，这种出生即自带基本生存技能的模式被称为“早熟”（Precocial）。

反观现代人类的产房，历经数十万年演化雕琢的“顶级掠食者”后代降生了。然而，这个婴儿展现出的却是一种近乎荒谬的无力感。它无法独立调节体温，无法聚焦视线看清母亲的面容，连支撑头部的力量都不具备，更不用说像斑马那样站立奔跑。如果留在野外，人类婴儿连几个小时都无法存活。在长达一年的时间里，它完全是一个需要全天候贴身照料、除了啼哭和吞咽之外毫无自理能力的“软体动物”。

作为最终攀上食物链顶端并征服星球的物种，人类的幼崽为何表现出哺乳动物界中最极端的脆弱？

这场灾难的源头，正是一次解剖学上的“大撞车”。

当祖先的骨盆为了直立行走而不可逆地收窄成“漏斗”状时，人类的脑容量却在两三百万年间经历了爆炸式增长，从早期南方古猿的约 400 毫升，跃升至现代智人的约 1350 毫升。[5]

这形成了一个不可调和的几何学死局：一个为了承重而变窄的骨盆开口，如何能让一个顶着巨大头颅的婴儿顺利通过？

为了打破这个物理死局，演化给出了一套充满妥协的方案：强制“提前分娩”。这就是体质人类学中著名的“产科困境”（Obstetrical Dilemma）假

5 古人类学记录显示，早期人类祖先（如南方古猿）的脑容量仅与现代黑猩猩相当，约为 400-500 毫升。然而，随着人属（Homo）的出现，大脑体积在过去两三百万年间激增，现代智人的平均脑容量达到了约 1350 毫升。Richard G. Klein, *The Human Career: Human Biological and Cultural Origins* (Chicago: University of Chicago Press, 2009), 275-278.

说。按照其他灵长类动物大脑发育与体形增长的比例推算，如果人类婴儿要在出生时达到与新生黑猩猩相同的神经成熟度和运动能力，妊娠期就不应该是九个月，而必须拉长到十八至二十一个月左右。[6]

如果真是那样，人类婴儿出生时就能拥有更成熟的运动神经，或许几个月就能独立行走。但致命的问题在于，一个发育了二十一个月的胎儿，头部尺寸将如同保龄球一般。这颗完全骨化的头颅绝对无法通过那条为直立行走而设计的狭窄产道。为了防止母婴在分娩时双双殒命，演化只能提前按下"弹出键"，在婴儿大脑远未发育成熟、头盖骨还未完全闭合（留有囟门以便挤压变形）、头颅尺寸刚好能勉强挤出骨盆通道时，将其排出母体。

这也解释了为何人类的分娩过程在哺乳动物中尤为漫长与痛苦。即使提前数月分娩，新生儿的头颅尺寸依然逼近产道的物理极限。为了顺利降生，胎儿必须在曲折的漏斗状产道中完成一系列复杂的旋转动作——这在其他灵长类动物中极为罕见。尽管做出了这些解剖学上的让步，在现代医疗技术出现之前，难产始终是人类女性面临的一道生死关卡。

因此，从严格的生物学意义上讲，所有人类婴儿本质上都是"早产儿"。我们出生后的第一年，相当于在体外由父母代替子宫完成的"第四孕期"。婴儿的大脑并未停止生长，而是继续以惊人的速度膨胀，在出生后的一年内脑容量将增加一倍以上。这种为了顺应产道而牺牲出生发育度的生理现象，被称为"次级晚熟"（Secondary Altriciality）。人类牺牲了出生时的行动力，换取了大脑在出生后能够不受骨盆限制，自由吸收外部信息并构建复杂神经网络的空间。

物理骨骼的限制并非这场博弈的全部。近年来，人类学家为经典的"产科困境"补充了更为前沿的能量学视角——即"妊娠与生长的能量学"（EGG）假说。

这一假说将视线从单纯的骨骼几何学，转移到了母亲超载的代谢引擎上。孕育一个大脑不断加速生长的人类胎儿，是对母体能量储备的巨大消耗。大脑是人体内的高耗能器官，在一个成年人身上，仅占体重约 2% 的大脑，消耗

---

6 这一著名的妊娠期推算最早由瑞士动物学家阿道夫·波特曼（Adolf Portmann）提出。他指出，如果人类要像其他相对"早熟"的灵长类动物那样，在出生时就具备一定的神经成熟度和运动能力，妊娠期必须延长至 21 个月左右。这一概念奠定了人类"次级晚熟"理论的基础。Adolf Portmann, *A Zoologist Looks at Humankind* (New York: Columbia University Press, 1990), 55-60.

着全身 20% 的基础代谢热量；而在新生儿身上，这个比例飙升至 60% 以上。婴儿的心跳、呼吸及神经元连接，都在持续燃烧着热量。

当怀孕进入第九个月时，母亲的身体已经逼近了能量代谢的生理极限。此时，为了维持胎儿大脑的运转，母体的每日总能量消耗飙升至非孕期基础代谢率的两倍以上。精密计算表明，如果妊娠期继续延长，母亲将面临严重的代谢崩溃，无法再通过脐带提供足够的热量。到了第九个月的临界点，母亲不仅受困于狭窄的骨盆通道，其生理供能系统也游走在极限边缘。此时将胎儿排出体外，让其转为通过富含脂肪和蛋白质的母乳继续体外发育，成为了母体避免能量耗竭、同时保全婴儿大脑发育的唯一解法。[7]

无论是出于骨盆产道的物理禁锢，还是受限于母体新陈代谢的能量天花板，结果都一样：远古的人类母亲在危机四伏的稀树草原上，被迫抱着一个毫无自保能力、需要持续数年贴身照料且大量消耗热量的“巨脑幼崽”。

为了让这个大脑发达的物种延续下去，单靠母亲一个人的力量已经捉襟见肘。在这个极度脆弱的母婴组合之外，必须引入一种能够提供稳定高热量输入的全新生存策略。而这，预示着一个颠覆性社会结构的诞生。

第三节 父亲的诞生：草原上的繁衍经济学

如果在自然界中找一个精算师来算一笔远古时代的卡路里账单，人类繁衍无疑是一场濒临破产的灾难。在自然界中，能量是唯一的硬通货，所有的繁衍选择与社会结构演变，本质上都是围绕如何更高效地获取卡路里展开的。

对于一只生活在茂密雨林中的母黑猩猩而言，这笔账单勉强能够收支平衡。雨林是一个立体的、食物密集的生态系统，且小猩猩一出生就能依靠本能紧紧抓住母亲的体毛。这使得母黑猩猩的双手依然能够解放出来，自如地攀爬树枝，每天咀嚼富含纤维的树叶和甜美果实。更重要的是，黑猩猩幼崽的大脑远没有人类那么贪婪，其耗能相对较低。

然而，当我们的祖先被迫走入平坦且食物分散的稀树草原，并且怀抱起

---

7 “妊娠与生长的能量学”（EGG）假说由人类学家霍莉·邓斯沃思（Holly Dunsworth）等人于 2012 年提出。该假说挑战了纯粹物理视角的“产科困境”，认为限制人类妊娠长度的首要因素并非骨盆通道的尺寸，而是母体基础代谢率的绝对上限。Holly M. Dunsworth et al., “Metabolic Hypothesis for Human Altriciality,” *Proceedings of the National Academy of Sciences* 109, no. 38 (2012): 15212-15216.

那个因骨盆限制而被迫提前出生的“巨脑早产儿”时，所有的生物经济学常识瞬间被颠覆了。

由于演化退去了体毛，婴儿无法像魔术贴一样挂在母亲身上。远古的人类母亲必须腾出一只手甚至双手，来紧紧抱着这个颈椎连头部都支撑不住的累赘。在赤道毒辣的阳光下，怀抱重物长途跋涉极大地增加了她自身的基础代谢。与此同时，怀里那个只会啼哭的小东西，其大脑正以可怕的速度燃烧着葡萄糖。在婴儿出生后的第一年里，为了让那颗硕大的头颅内长出足够密集的神经网络，母亲必须通过高质量的母乳，每天向婴儿输送惊人的额外热量。

收入在锐减，支出却在成倍激增。

在没有现代农业和稳定火源的更新世早期，一位怀抱婴儿的女性，仅靠自己拖着疲惫的身躯在茫茫草原上挖掘干瘪的块茎或收集坚果，绝对无法填补这个能量黑洞。现代人类学对非洲哈扎（Hadza）等狩猎采集部落的观察证实，哺乳期女性的每日卡路里需求比平时高出数百大卡。如果只靠母亲单干，那个耗能极高的人类婴儿注定活不过断奶期。[8]

这笔无论如何也算不平的死账，直接将早期人类逼到了灭绝边缘。为了打破这个极度脆弱的双人系统，演化给出了一条破局之路：引入一个新的外部投资人——那个在绝大多数哺乳动物繁衍剧本里，通常扮演完“提供精子”角色后就立刻消失的群体：雄性。

在整个哺乳动物纲中，雄性的冷漠是绝对的常态。从庞大的大象到敏捷的猎豹，大约 95% 的物种里，雄性在交配结束后绝不多停留一秒钟去照顾后代。最佳的演化策略简单粗暴：尽可能多地寻找发情雌性散播精子，然后将昂贵的妊娠、哺乳和抚育成本全盘推给雌性。著名演化生物学家罗伯特·特里弗斯（Robert Trivers）在“亲代投资理论”中对此给出了冷酷的数学解释：精子制造成本极低，可以随时批量生产；而卵子稀少，且子宫孕育和哺乳都需要雌性付出巨大代价。因此，雄性的“交配努力”天生就远远大于他们的“抚育努力”。[9]

---

[8] 人类学家对现代坦桑尼亚的哈扎（Hadza）狩猎采集部落的长期观察证实，处于哺乳期的女性即使保持高强度的采集劳动，也无法独自满足自身和婴儿的巨大能量缺口，必须依赖群体（特别是男性配偶）的食物共享与资源供给。Frank W. Marlowe, *The Hadza: Hunter-Gatherers of Tanzania* (Berkeley: University of California Press, 2010), 105-110.

[9] 罗伯特·特里弗斯在 1972 年提出了这一奠基性的理论，用严密的生物经济学逻辑解释了为何在绝大多数物种中，初始生殖投资较大的一方（通常是雌性）更注重抚育后代，而投资较小的一方（通常是雄性）则更倾向于竞争交配机会。Robert L. Trivers, “Parental Investment and Sexual Selection,” in *Sexual Selection and the Descent of Man, 1871–1971*, ed. Bernard

甚至在我们最亲近的灵长类表亲中，情况也大同小异。黑猩猩部落的雄性首领每天忙于争夺权力、巡视领地和寻欢作乐，绝不会屈尊去帮母猩猩剥香蕉，更不可能照看满地乱爬的幼崽。在它们的社会结构里，只有“首领”和“交配对象”，不存在“父亲”。

但在早期人类面临的极端能量赤字前，这种传统的“浪子策略”（Cads Strategy）彻底撞上了南墙。

如果远古人类雄性继续像黑猩猩那样拍拍屁股走人，他留下的后代在母亲独自苦撑的卡路里枯竭中几乎注定夭折。四处播种的最终结果，就是所有的种子都在发芽前死于饥饿或掠食者之口。死亡是演化法则中最冷酷的纠错机制，草原环境无情地抹除了那些坚持不负责任雄性的基因。

能够成功将基因流传给我们的，是另一批在行为模式上发生根本变异的雄性。直立行走与大脑膨胀导致抚育成本畸高，他们被迫转变策略：确保基因延续的最有效方式不再是盲目追求交配数量，而是转向后代存活的质量。他们将生存策略从单纯的“交配努力”，彻底转向为雌性和幼崽持续提供食物的深层捆绑，这在演化人类学中被称为“男性供给假说”（Male Provisioning Hypothesis）。[10]

人类雄性被迫卷入了一场旷日持久的生存合伙人制度。他必须留下来，利用自己没有生育负担且上半身力量更强的优势，冒着生命危险去狩猎或抢夺食肉动物剩下的残骸。他要把富含极高热量和优质蛋白质的肉类、以及能极大促进大脑发育的动物骨髓源源不断地带回营地，喂养伴侣和嗷嗷待哺的婴儿。在漫长的黑夜里，他还需要挥舞木棍抵御试图将母婴当作宵夜的鬣狗和剑齿虎。

雄性的长期驻留与高热量资源供给，精准填补了致命的卡路里缺口。这种跨越性别的深度经济合作与劳动分工，将极度脆弱的母婴组合变成了具有强大生存韧性的“铁三角”。人类的生殖模式由此从低成本的“广种薄收”，彻底转向了极高成本的“风险投资”。更为深远的是，雄性的加入在非洲稀树草原上砸下了人类亲密关系的第一块基石。

Campbell (Chicago: Aldine, 1972), 136-179.

10 美国古人类学家欧文·洛夫乔伊（C. Owen Lovejoy）于 1981 年系统性地提出了这一假说，认为人类雄性为了提高自身基因的存活率，演化出了为雌性和幼崽提供食物（Provisioning）的独特行为，这是人类直立行走和早期单配偶制形成的核心驱动力。C. Owen Lovejoy, “The Origin of Man,” *Science* 211, no. 4480 (1981): 341-350.

为了维持这种复杂的资源输送与防御体系，雄性和雌性之间不能再像其他动物那样，仅仅在短暂发情期维持几天肤浅的交配关系。他们需要一种更加持久、牢固的神经学与心理学绑定机制，来确保这套合伙人制度不会崩溃。雄性需要确信狩猎成果没有喂养其他人的骨肉，而雌性则要确保这个掌握热量来源的“供应商”不会半途而废。这种在冷冰冰的卡路里交换之外诞生出的全新黏合剂，跨越了季节与单纯交配冲动，在两个原本独立的个体之间悄然生长，这便是我们今天所说的“配偶羁绊”（Pair Bonding）的生物学雏形。[11]

“父亲”这个身份，就这样在生存的绝对重压下诞生了。它不是浪漫主义的产物，而是严酷环境逼迫下的经济学妥协。随之而来的，是下一个更为核心的谜题：在大自然中，没有任何雄性会无缘无故地提供长期的无偿劳动。为了彻底锁定这些提供宝贵肉类的雄性，不让他们去寻找其他交配机会，人类女性的身体究竟在漫长的演化中施展了怎样一种极其巧妙、甚至堪称颠覆性的生物学魔法？

第四节 演化的伪装：隐蔽排卵与配偶同盟

在动物园的灵长类展区驻足，或者在野外观察一群自然状态下的黑猩猩，人们绝对无法忽略一种极其夸张的视觉信号。当一只雌性黑猩猩进入每个月最容易受孕的那个短暂窗口期时，她的生理特征会发生惊人的变化，产生明显的肿胀，并呈现出一种鲜艳夺目的亮红色。

这块高高肿起的红色区域绝非单纯的生理特征。

它是大自然中最具穿透力的生物学广告牌。它像一个闪烁的霓虹灯，在幽暗的丛林背景下显得极其刺眼，向游荡在附近的所有雄性广播着一个清晰无误的信息：“我现在处于最佳受孕状态，携带优良基因的竞争者们，立刻过来争夺繁衍权。”

伴随着这个强烈的视觉信号，整个黑猩猩部落会立刻陷入疯狂的骚动。雄性们会爆发出激烈的争吵和暴力的殴打，原本平稳的社会秩序被彻底打乱。对于雄性而言，这套系统极其高效。他们只需要在雌性亮起“绿灯”的那短

[11] 灵长类动物学家伯纳德·查帕斯（Bernard Chapais）指出，从类人猿的乱交或多雌多雄制向人类长期“配偶羁绊”的转变，是人类社会结构演化中最为关键的解剖学与行为学跨越，它为后来极其复杂的亲属网络奠定了基础。Bernard Chapais, *Primeval Kinship: How Pair-Bonding Gave Birth to Human Society* (Cambridge: Harvard University Press, 2008), 55-60.

短几天里投入全部精力进行交配。一旦红肿消退，雄性就可以立刻抽身离去，恢复平日的慵懒，或者转而去寻找丛林里下一个亮起红灯的目标。[12]

在整个哺乳动物界，这种诚实且高调的生育信号是绝对的主流配置。然而，在这个从猿到人的漫长演化剧本中，当视线落到现代人类女性身上时，这块大自然中最醒目的广告牌却诡异地、彻底地消失了。

现代人类女性的排卵期对周围男性完全隐蔽，对女性自己而言同样是一个悄无声息的过程。如果不借助现代医学工具，几乎没有人能精确感知到卵子释放的准确时间。这种在演化生物学上被称为**“隐蔽排卵”**（Concealed Ovulation）的独特现象，构成了人类生殖模式中最深邃的谜团之一。为什么在演化的关键岔路口，人类女性的身体选择关闭这套能高效吸引优质雄性基因的生育广播系统?

答案恰恰隐藏在雄性那根深蒂固的“浪子”本能里。

如果人类女性仍然像黑猩猩表亲那样，每月定期高调展示受孕窗口，那么远古男性就会不可避免地旧习复发。他们会在那几天发情期像发了疯一样死死守护她、进行交配；但一旦红肿消退，受孕窗口关闭，男性的大脑就会立刻判定她失去了近期的投资价值。他们会立刻停止无聊的狩猎和保护工作，转而去寻找丛林里下一个亮起红灯的目标。

而这对亟需长期高热量肉类供给的母婴组合来说，无异于宣判死刑。

为了在生死攸关的演化博弈中彻底锁死这些掌握着宝贵生存资源的合伙人，女性的身体在残酷的自然选择中演化出了一套堪称大师级的反向操作：彻底隐藏自己的底牌。

这正是演化生物学家理查德·亚历山大（Richard Alexander）和凯瑟琳·努南（Katherine Noonan）提出的著名理论——**“父本投资假说”**（Paternal Investment Hypothesis）的核心精髓。这个假说的内在逻辑极其冷酷，却又无比精妙。如果男性无法通过任何视觉的肿胀、嗅觉的信息素或行为的骤变来知道女性究竟在何时排卵，他就陷入了一个演化概率学上的巨大困境。[13]

---

[12] 著名灵长类动物学家珍妮·古道尔（Jane Goodall）在对贡贝溪国家公园黑猩猩的开创性研究中，详细记录了雌性黑猩猩在发情期明显的生殖器肿胀，以及这种视觉信号如何引发雄性群体中剧烈的性竞争与社会动荡。Jane Goodall, *The Chimpanzees of Gombe: Patterns of Behavior* (Cambridge, MA: Belknap Press of Harvard University Press, 1986), 443-445.

[13] “父本投资假说”是解释隐蔽排卵演化起源的经典且最具影响力的理论之一。它强调了人类独特的繁衍困境如何迫使两性生殖策略发生根本性的改变，从短期的交配竞争转向长期的共同抚育。Richard D. Alexander and Katherine M. Noonan, “Concealment of Ovulation,

想象一台永远不显示何时会开出终极大奖的老虎机。

如果一个男性想要绝对确保自己在这个女性身上成功播下了基因，他就不能再像以前那样只在特定的几天里进行一次性“投币”。由于根本不知道哪一天才是决定性的受孕窗口，他唯一能够采取的制胜策略，就是必须日复一日地守在这位女性身边，并维持持续的配偶结合。

一旦他中途离开几天去寻找其他机会，极有可能会恰好错过那个看不见的排卵窗口，从而让其他趁虚而入的男性截胡。最终的结果将是灾难性的。他辛辛苦苦打猎换来的宝贵肉类，最终却喂养了别的男性的骨肉，成为了别人基因延续的免费打工仔。

隐蔽排卵这一微小的改变犹如四两拨千斤，成功地将男性的生殖策略从低成本的“交配努力”，强制扭转为了高成本的“抚育投资”。为了不错过那个看不见的基因延续窗口，男性必须留下来，通过源源不断地提供食物、抵御危险来讨好女性，以换取持续的繁衍机会。母婴的卡路里枯竭危机由此解除。更深远的是，人类两性之间的互动基石被彻底重塑。

伴随着排卵信号的隐蔽，另一个颠覆性的生理学奇迹随之降临。人类女性失去了明确定义的“发情期”，演化出了在整个生理周期内都能够保持性接受度（Sexual Receptivity）的生理机制。在绝大多数哺乳动物中，性纯粹是为了繁衍后代而执行的机械工具。但对于人类而言，这种古老的生理学限制被彻底解绑了。

当两性间的亲密结合不再仅仅是精子与卵子相遇的繁衍通道时，它就不可避免地演变成了一种维持同盟关系的社交黏合剂。

持续的性接触带来的是大脑深处神经化学物质的剧烈释放。多巴胺带来了狂热的渴望，而催产素则在肌肤相亲中大量分泌，产生出一种深沉的依恋感和安全感。这些化学物质就像是大自然专门调配的强力胶水。在日复一日的神经递质反复冲刷下，男女双方的神经回路被紧紧地绑定在了一起。这套最初也许只是为了骗取男性持续投资而诞生的生理硬件，在漫长的演化中，最终酝酿出了超越单纯繁衍冲动的情感纽带。这正是我们今天熟知的“浪漫之爱”的化学原型。[14]

Parental Care, and Human Social Evolution," in *Evolutionary Biology and Human Social Behavior: An Anthropological Perspective*, ed. Napoleon A. Chagnon and William G. Irons (North Scituate, MA: Duxbury Press, 1979), 436-453.

[14] 生物人类学家海伦·费舍尔（Helen Fisher）将人类的爱情划分为情欲（Lust）、浪漫吸引

然而，如果仅仅将隐蔽排卵视为换取长期饭票的经济学心机，我们严重低估了史前环境的残酷无情。

杰出的演化人类学家莎拉·赫迪（Sarah Hrdy）为隐蔽排卵提供了一个更为黑暗、但也更具震撼力的生存学解释——**“父权混淆”**（Paternity Confusion）假说。

在许多灵长类社会中，杀婴行为是一种令人毛骨悚然的常态。当一个外来强壮雄性击败了原有的首领，接管了整个群体时，他往往会毫不留情地杀死所有还在哺乳期的幼崽。这并非出于残暴，而是受控于冷酷的基因逻辑：只要雌性还在泌乳，她的身体就不会重新排卵。杀死幼崽能够立竿见影地迫使雌性迅速终止哺乳，快速重启排卵周期，从而让新首领尽快播撒自己的基因。[15]

在早期的智人部落中，这种致命威胁同样如影随形。面对悬在头顶的暴力，处于体力和武力弱势的女性演化出了极其聪明的反制手段。

如果排卵是完全隐蔽的，女性就可以在整个生理周期内暗中与部落里的多个强势男性建立繁衍联系。因为没有任何一个男性能够确切知道排卵的具体时间，也就没有任何男性敢百分之百地肯定，那个最终降生出来的婴儿绝对不是自己的骨肉。

这种人为制造的父权模糊性，成了一面保护幼崽的强大隐形护盾。如果每一个可能构成杀婴威胁的强壮男性都在心里盘算“这个孩子或许有一丝可能是我的基因”，他们举起屠刀的手就会犹豫。通过隐蔽排卵，女性巧妙地将潜在的杀手转化为了潜在的保护伞。为了那微小的基因延续可能性，部落里的其他男性也更有可能对这对脆弱的母婴网开一面。

此外，近年来的研究还指出隐蔽排卵在平息**“雌性内部竞争”**（Female Rivalry）方面发挥的重要作用。在拥有明显发情红肿的灵长类种群中，处于排卵期的雌性往往会成为其他雌性猛烈攻击的众矢之的，因为她正在高调垄断最优质雄性的注意力。对于需要共同协作采集植物、分享育儿经验的人类

(Attraction）和长期依恋（Attachment）三个大脑系统。持续的性行为通过刺激多巴胺和催产素的分泌，直接促进了“依恋”系统的神经回路绑定，从而维系了长期配偶关系。Helen E. Fisher, *Why We Love: The Nature and Chemistry of Romantic Love* (New York: Henry Holt and Company, 2004), 77-85.

[15] 演化人类学家莎拉·赫迪在对印度长尾叶猴的研究中首次深刻揭示了杀婴行为作为一种雄性生殖策略的普遍性。她进而提出，雌性通过隐蔽排卵和与多名雄性交配来制造“父权混淆”，是自然界中一种极为精妙的反杀婴演化策略。Sarah Blaffer Hrdy, *The Langurs of Abu: Female and Male Strategies of Reproduction* (Cambridge, MA: Harvard University Press, 1977), 241-245.

女性群体而言，这种剧烈的内部倾轧是致命的。通过抹除发情的视觉标记，人类女性巧妙地拆除了这颗足以引发同性群体分裂的炸弹，促成了一个更加紧密的女性互助网络。[16]

这套为了换取长期投资与幼崽安全而演化出的隐蔽排卵机制，彻底剥离了季节性发情对行为的刻板控制，并引入了持续的多巴胺与催产素奖赏。它在男女之间强制制造了一种跨越发情期的深度纠缠。正是这种长久的羁绊，为我们今天所沉醉的“浪漫之爱”铺垫了最坚不可摧的生理学基石。

然而，这种基于配偶双人的脆弱同盟并非诞生在真空之中。祖先们不仅需要彼此，更必须融入群体对抗残酷的大自然。当这种充满排他性的私人羁绊，融入早期狩猎采集部落那种极度讲求平等、资源必须绝对共享的宏观集体时，一场更为复杂、剧烈的社会学化学反应即将爆发。

[16] 近年来的计算模型和演化行为学研究对传统的“男性投资假说”进行了重要补充，指出隐蔽排卵不仅是为了吸引男性，更是为了避免在群体生活中遭到其他雌性的竞争性攻击，从而维护女性联盟的稳定。Jaimie Arona Krems et al., “An Agent-Based Model of the Female Rivalry Hypothesis for Concealed Ovulation in Humans,” *Nature Human Behaviour* 5, no. 6 (2021): 726-35.

第二章 史前伊甸园：群婚神话与单配偶制

第一节 史前法则：反头狼与平等协作

在现代社会的职场中，某位高管凭借手中的权力对下属颐指气使，独断专行，甚至将整个团队的功劳据为己有。面对这样的老板，现代人通常只能默默忍受，或者在拿到年终奖后选择辞职。但如果这位高管穿越回两万年前的非洲大草原，试图在史前营火旁摆出同样的做派，他的下场会非常悲惨。

部落里的其他人最初可能会用刻薄的笑话挖苦他。接着，他们会在分配食物时将他边缘化，刻意孤立他。如果他依然我行我素，试图凭借蛮力霸占更多的资源或配偶，几个处于弱势的部落成员大概率会在某个深夜结成同盟，用锋利的长矛在睡梦中彻底结束他的统治。人类大约有 95% 以上的时间都生活在更新世（Pleistocene）的狩猎采集部落里，这段漫长而艰险的岁月被称为**演化适应环境**（Environment of Evolutionary Adaptedness，简称 EEA）。它塑造了我们直立行走的骨骼，也铸就了大脑情感回路与心理硬件的底座。[17]

想要理解人类在爱情中的狂热、背叛中的嫉妒，以及在情欲面前的种种本能反应，我们必须暂时剥开现代文明的西装革履，回到那团跳跃的史前营

[17] 演化适应环境（EEA）这一概念最早由约翰·鲍尔比（John Bowlby）在依恋理论中提出，后由演化心理学家约翰·托比（John Tooby）和勒达·科斯米德斯（Leda Cosmides）发扬光大，指代塑造人类心理机制的祖先环境。John Tooby and Leda Cosmides, "The Psychological Foundations of Culture," in *The Adapted Mind: Evolutionary Psychology and the Generation of Culture*, ed. Jerome H. Barkow, Leda Cosmides, and John Tooby (New York: Oxford University Press, 1992), 19-136.

火旁，去审视祖先究竟是在一种怎样的社会法则下生存的。

与动辄百万人口的现代匿名城市截然不同，史前人类的社交圈子极其狭小且高度透明。一个典型的狩猎采集部落通常由几十人到一百五十人组成。这个人数上限被称为**邓巴数**（Dunbar' s number），代表了人类大脑新皮层所能有效处理和维持的复杂社交关系的数量极限。在这个熟人社会里没有秘密，谁和谁交好，谁和谁有过节，谁在打猎时偷了懒，所有信息都会在营地里迅速传播，每个人都无处遁形。[18]

当时的生存环境极其严峻，单独行动几乎等同于自杀。唯有毫无保留的紧密合作，才能在捕食者环伺的荒野中繁衍下去。观察自然界中最亲近的表亲黑猩猩，其社会是由残酷的"头狼"（Alpha male）统治的。最强壮的雄性通过暴力威吓建立严格的等级制度，垄断着最好的食物和绝大多数交配机会。但人类的祖先在演化的某个节点上，却做出了一个彻底偏离黑猩猩模式的惊人举动——我们联手摧毁了头狼阶层。

人类学家克里斯托弗·波姆（Christopher Boehm）将这种现象称为**反向支配等级**（Reverse Dominance Hierarchy）。在典型的灵长类动物群体中，权力的流动是自上而下的。但在早期人类部落中，这种权力方向被完全逆转。普通的部落成员敏锐地察觉到了专横者带来的威胁，他们结成防卫同盟，自下而上地共同压制任何试图建立绝对支配权的个体。[19]

在这个系统里，真正的"Alpha"不再是某个具体的强人，而是群体本身。为了维持这种运转，史前人类发展出了一种被称为**激进的平等主义**（Fierce Egalitarianism）的生存法则。这种平等并非出于高尚的道德信念，而是出于冷酷的生存计算。在一个必须依靠集体力量才能猎杀大型动物或抵御外敌的环境中，囤积资源或凌驾于他人之上会引发内部怨恨。分裂会立刻削弱战斗力，直接威胁所有人的生存。因此，遏制任何垄断企图成为了维系生存的核心法则。

为了不动声色地打压潜在的头狼，狩猎采集者们发明了一整套社会**抹平**

---

18 英国人类学家罗宾·邓巴（Robin Dunbar）提出，人类大脑新皮层的大小决定了我们能够维持的稳定社交关系上限约为 150 人，这一数字在史前狩猎采集部落和现代企业组织中均得到了验证。Robin I. M. Dunbar, *Grooming, Gossip, and the Evolution of Language* (Cambridge, MA: Harvard University Press, 1996).

19 克里斯托弗·波姆通过对全球数十个现存狩猎采集部落的跨文化研究，提出早期人类通过结盟手段逆转了灵长类动物传统的专制等级，从而确立了激进的平等主义。Christopher Boehm, *Hierarchy in the Forest: The Evolution of Egalitarian Behavior* (Cambridge, MA: Harvard University Press, 1999).

机制（Leveling mechanisms），其中最轻微的手段就是流言蜚语和嘲笑贬低。在非洲的昆桑（!Kung San）部落中，至今保留着一种被称为“贬低猎物”的习俗。当一个猎人成功捕获巨大的羚羊满载而归时，部落成员绝不会将他像英雄一样捧起。相反，人们会故意围在猎物旁边抱怨这块肉太老、太瘦，甚至嘲笑猎人的技术不过如此。这种看似不近人情的做法，根本目的正是防止最优秀的猎人变得傲慢。它不断提醒猎人：无论个人能力多强，他的成功完全依赖于其他人的配合与支持。[20]

如果嘲笑不起作用，部落会升级制裁手段，采取严厉的社会孤立（Ostracism）。在现代社会，被人无视最多引起心理不适；但在更新世的荒野中，被排斥意味着切断食物分享网络和营火的保护，这几乎是在宣判死刑。这就是为什么现代人对社交排斥和公开演讲依然怀有如此深层的恐惧——在基因记忆里，被群体抛弃等同于死亡。

当潜在的暴君冥顽不灵，致命武器的发明便发挥了终极的抹平作用。长矛、弓箭和投掷石块彻底改变了游戏规则。物理上的强壮不再是绝对的统治优势，因为即使是部落里最瘦弱的成员，只要拉开安全距离或趁压迫者熟睡，同样能用锐器一击毙命。杀伤力的均等化极大增加了做头狼的风险与成本，迫使每一个史前人类在行动时都必须小心翼翼地顾及群体的感受。

史前部落的经济模式也从根本上杜绝了权力垄断的可能。狩猎采集者必须跟随季节和猎物迁徙，居无定所的游牧生活意味着他们只能携带最轻便的生存工具。没有多余的粮仓，没有代代传承的土地，财富积累便无从谈起。在那个没有银行账户和世袭爵位的时代，一个人无法通过囤积资源雇佣私人武装，彻底失去了建立极端强权或世袭支配的物质基础。

性别权力同样维持着务实的平衡。男性负责高风险的狩猎，但大型猎物的获取具有偶然性，猎手们经常空手而归。在饥肠辘辘的日子里，女性在营地周围采集的块茎、坚果和浆果提供了大部分稳定热量。这种经济上的高度互相依赖，使得史前营火旁的男女保持着平等的对话地位，任何一方都无法在生存资源上完全拿捏另一方。

在这个没有私有财产、没有阶级分化的微型社会里，权力和生存资源被

[20] 人类学家理查德·李（Richard B. Lee）在对昆桑人的田野调查中详细记录了这种“贬低猎物”(insulting the meat)的社会抹平机制，其核心功能是防止优秀猎手产生特权意识。Richard B. Lee, *The !Kung San: Men, Women, and Work in a Foraging Society* (Cambridge: Cambridge University Press, 1979).

尽最大可能地平均分配。然而，当生存资料被高度共享，当“你的”和“我的”之间几乎没有明确界限时，一个极具颠覆性的问题便不可避免地浮出了水面：如果在史前伊甸园中，食物可以均分，工具可以借用，甚至是抚育后代的责任都可以由部落成员共同承担，那么在人类最隐秘的情欲深处，我们的祖先是否也将他们的配偶和性资源，一并纳入了这种激进的共享网络之中？

第二节 起源之谜：标准叙事与繁衍假说

当我们闭上眼睛想象一幅典型的史前生活场景时，脑海中多半会跳出类似动画片《摩登原始人》（The Flintstones）的经典画面。一个强壮的男性手持长矛在荒野追逐猎物，而他的女性伴侣则抱着嗷嗷待哺的婴儿，乖巧地在山洞里等待他带着肉食归来。在这个画面里，男女双方构成了一个严密排他的经济与繁衍单元。这种深深植根于大众文化潜意识的图景，正是演化人类学中长期占据主导地位的**“标准叙事”**（Standard Narrative）。

这一叙事最著名的推手，正是第一章中提出“男性供给假说”的古人类学家欧文·洛夫乔伊（Owen Lovejoy）。在进一步分析早期人类祖先“地猿”（Ardipithecus ramidus）的化石时，他还发现了一个极其关键的生理变化：相比于黑猩猩，早期人类雄性的犬齿急剧退化了。在灵长类动物中，巨大而锋利的犬齿通常是雄性为了争夺交配权而进行血腥决斗的致命武器。犬齿的缩小，在洛夫乔伊看来，正是人类祖先放弃暴力争夺、转向和平结对的铁证。这进一步完善了他的**“直立提供者”**模型：男性之所以解放双手直立行走，正是为了长途搬运食物回营地，供养那些因为照顾巨大脑容量早产儿而行动不便的女性。

一场跨越数百万年的宏大交易就此达成。男性用源源不断的高热量肉类，换取了女性的性忠诚和繁衍的确定性。这种“肉换交配权”的经济契约，被视为人类核心家庭的基石。在标准叙事的语境里，我们这个物种从走下树冠的那一刻起，就被基因刻上了严格且终生的**单配偶制**（Monogamy）烙印。这是一个优雅且令人安心的故事，它既解释了生理演化，又为主流的现代家庭价值观提供了完美的生物学背书。[21]

然而，重回上一节那团充满警惕的史前营火旁，这个温馨的“洞穴小家

---

21 “标准叙事”的代表性观点由古人类学家欧文·洛夫乔伊系统提出，他通过化石分析认为，直立行走和男性供给确立了单配偶制的演化基础。Lovejoy, “The Origin of Man,” 341-350.

庭”模型便开始显现出裂痕。在更新世极其残酷的生存环境中，人类部落发展出了激进的平等主义。他们在食物、工具乃至抚育后代的责任上实行着近乎绝对的共享，以此死死防范任何个体的资源垄断。那么，这群在物质上不分彼此、极度依赖群体凝聚力才能活命的祖先，真的会在性伴侣这件最具分配争议的核心资源上，突然划定出神圣不可侵犯的私有边界吗?

2010 年，学者克里斯托弗·瑞恩（Christopher Ryan）和卡西尔达·杰瑟（Cacilda Jethá）出版了引发巨大争议的著作《性在黎明》（Sex at Dawn），向标准叙事投下了一枚重磅炸弹。他们提出了一个极其颠覆的假说：我们那些游猎采集的祖先根本不是坚守忠诚的道德楷模，而是采取高度开放共享的“多伴侣”繁衍模式。

瑞恩和杰瑟的逻辑非常直接。在一个囤积食物会招致杀身之祸的环境里，试图独占性伴侣同样是一种极具破坏性的垄断。为了维持脆弱的群体团结，早期人类将性视为一种如同猛犸象肉一样可以共享的公共资源。在他们的描绘中，史前营火旁的性行为不局限于固定伴侣，它作为一种极其有效的“社交黏合剂”，广泛用于化解日常冲突和巩固部落同盟。高度的性共享，成了维系激进平等的缓冲垫。[22]

为了支撑这个令人瞠目结舌的推论，他们将目光投向了亚马逊丛林中一种奇特的文化现象——**“部分父权”**（Partible Paternity）。在诸如巴里人（Barí）这样的原住民部落中，人们普遍相信一个简单的生物学常识：胎儿并不是由一次单纯的受精结合而成的，它需要在母体中不断累积不同男性的遗传物质才能最终发育完整。因此，在一个巴里女人的孕期中，她会主动与部落里的多名优秀猎手发生亲密关系。当孩子出生时，所有提供过生殖贡献的男性都会顺理成章地成为这个孩子的生物学父亲。对于巴里人而言，这绝非道德上的堕落，而是一项精明且务实的生存策略。人类学追踪数据清晰地表明，在危机四伏的丛林里，拥有两个或更多“父亲”的儿童，能够获得更多的肉食配额和更严密的安全庇护，其存活率远高于只有一个父亲的儿童。当亲生父亲不幸死于打猎或部落冲突时，“次要父亲”们会立刻填补空缺，承担起抚养义务。这种将父本投资“多元化”的风险分担机制，极大地提高了婴儿活到成年的概率。

22 克里斯托弗·瑞恩和卡西尔达·杰瑟在引发巨大争议的著作中提出了颠覆性的假说，认为早期人类并非实行单配偶制，而是通过广泛的性共享来维系群体的平等与社会凝聚力。Christopher Ryan and Cacilda Jethá, *Sex at Dawn: The Prehistoric Origins of Modern Sexuality* (New York: Harper, 2010).

《性在黎明》的拥趸们紧紧抓住了这一现象，将其视为窥探更新世人类真实性生活的一扇关键窗口。他们据此断言：这种多父共同抚养、女性拥有多个伴侣的合作繁衍模式，才是人类在农业社会发明私有制之前的普遍基线。这是一个极具诱惑力的理论，它为现代人描绘了一个没有繁衍压抑、没有伴侣背叛的恐惧、完全免于嫉妒折磨的史前情感乌托邦。[23]

然而，主流学术界的还击同样迅速且毫不留情。大量的演化生物学家批评该书存在严重的“摘樱桃”（Cherry-picking）偏误，即刻意挑选支持自己论点的数据，却无视了浩如烟海的反面证据。批评者一针见血地指出，“部分父权”确实令人惊叹，但它不过是特定生态环境下（如高婴儿死亡率和高觅食风险的亚马逊盆地）孕育出的局部文化适应策略，根本无法粗暴地倒推为全人类的统一蓝图。更致命的是，《性在黎明》天真地低估了“性嫉妒”这种深植于人性的烈性情绪。演化心理学家指出，如果我们的祖先真的是毫无保留的性共享者，现代人类大脑中就不可能演化出如此精密且极具破坏性的嫉妒雷达。跨文化研究无可辩驳地证明，即便是在当今地球上最崇尚平等的狩猎采集部落中，为了争夺性伴侣而引发的暴力冲突，依然是导致部落内部仇杀的首要原因。浪漫化的公社视角彻底忽略了演化中自私基因的本能。每个个体依然有强烈的动机将自己的基因传递下去，而不是无私地替别人抚养后代。史前的营火旁确实燃烧着互助与平等，但那里绝对不是一个可以无差别交换伴侣的极乐净土。[24]

关于核心家庭的起源，坚守“洞穴一家亲”的标准叙事与鼓吹“史前群婚”的颠覆假说，似乎陷入了一场无休止的哲学拉锯战。双方都拿着残缺的化石碎片和现代原住民的生活切片，试图拼凑出几万年前的真相。单纯依靠人类学理论，这场争论也许永远无法平息。但行为终究会留下痕迹，而最诚实的证人，往往是我们自己的身体。如果我们想知道祖先在幽暗的丛林里究竟是如何交配的，就必须停止在理论堆里打转，转而低头审视那些隐藏在衣物之下的生理构造。因为关于人类是否曾经实行过多伴侣制的终极底牌，就

23 “部分父权”是亚马逊盆地某些原住民群体中的一种文化信仰和实践，他们认为胎儿由多个男性的精液共同孕育。人类学研究表明，这种多父共同抚养的风险分担机制在特定高风险生态下显著提高了婴儿的存活率。Stephen Beckerman and Paul Valentine, eds., *Cultures of Multiple Fathers: The Theory and Practice of Partible Paternity in Lowland South America* (Gainesville: University Press of Florida, 2002).

24 演化心理学家对《性在黎明》提出了严厉批评，指出其忽略了性嫉妒在人类演化中的普遍性和破坏力。即使在最平等的史前部落中，为了争夺配偶而引发的暴力冲突依然难以避免。David M. Buss, *The Dangerous Passion: Why Jealousy Is as Necessary as Love and Sex* (New York: The Free Press, 2000).

硬生生地刻写在我们的解剖学硬件之中。

第三节 生理证供：繁衍竞争的演化痕迹

在探寻这套解剖学硬件的真相时，最直白也最具说服力的线索，隐藏在雄性睾丸的相对尺寸里。在自然界中，睾丸的大小绝非无足轻重的生理特征，它是一张精准的试纸，能够直接测算出一个物种内部**精子竞争**（Sperm Competition）的激烈程度。

所谓精子竞争，是指当一个雌性在极短的时间内（通常是一个发情期）与多个雄性交配后，这些来自不同雄性的精子必须在雌性的生殖道内展开一场看不见的生死赛跑，去争夺唯一那颗卵子的受精权。在这个微观战场上，数量就是绝对的王道。谁能喷射出更多、更具活力的精子，谁的基因就能在这场“精子海战”中胜出。因此，面对高强度的精子竞争，雄性唯一的演化解药就是长出更加庞大的睾丸，将自己打造成一座高负荷运转的精子兵工厂。

在非洲丛林中，生活着人类的两种远亲，它们在繁衍策略上走上了完全相反的极端道路。大猩猩（Gorilla）是典型的“头狼”社会。一个庞大且暴躁的银背大猩猩通过纯粹的暴力威吓，绝对垄断了群体内所有雌性的交配权。其他年轻雄性根本没有任何插足的机会。由于在交配前就已经通过物理搏斗清除了所有竞争对手，银背大猩猩的精子在进入雌性体内后，宛如进入了一座空城，根本不需要进行任何微观层面的竞争。因此，对于一头体重高达两百公斤、力大无穷的银背大猩猩来说，巨大的睾丸是一种毫无必要的能量浪费。结果就是，它们的睾丸极度微小，重量只占自身体重的约 0.02%，在灵长类家族中垫底。

再看看黑猩猩（Chimpanzee）。它们的社会则是彻底的另一番景象。黑猩猩实行高度的多雄多雌制，群体内的交配关系如同错综复杂的网络。当一只雌性黑猩猩进入发情期时，她会在短时间内与部落里的几乎所有成年雄性发生关系。对于雄性黑猩猩而言，即便它通过武力确立了优先交配权，也无法阻止雌性在转身之后立刻与其他雄性继续交配。这种极度高频的重叠交配模式，将精子竞争推向了白热化。为了在这场惨烈的基因抽奖中提高胜率，雄性黑猩猩演化出了巨大无比的睾丸，其重量占体重的 0.3% 左右。如果按照比例换算到人类身上，相当于每个成年男性都要拖着两颗葡萄柚大小的器官艰难行走。[25]

那么，作为这场比较的主角，人类究竟站在哪里？我们没有大猩猩那样微乎其微的睾丸，也绝不像黑猩猩那样夸张到令人咋舌。人类男性的睾丸相对尺寸精准地停留在两者之间，大约占体重的 0.08%。这个处于中游的尴尬数据，像一把冷酷的手术刀，精准切开了"标准叙事"的伪装。它向我们宣判了一个无可辩驳的生物学事实：在漫长的更新世岁月中，人类绝对不是像天鹅或长臂猿那样，严格恪守一生一世一双人的纯粹单配偶制物种。如果我们的女祖先真的像洛夫乔伊假设的那样，只对提供猎物的专属丈夫保持绝对忠诚，那么现代男性的睾丸早就应该萎缩到大猩猩的水平了。人类中等偏上的睾丸尺寸表明，在漫长而隐秘的史前黑夜里，女性偶尔（甚至经常）会在短时间内接纳多个伴侣，从而迫使男性的身体保留了应对中度精子竞争的生理硬件。[26]

如果说睾丸的尺寸只是间接的宏观证据，那么人类雄性生殖器官的独特解剖学构造，则是演化在微观战场上留下的物理干预工具。与大多数灵长类动物平滑、圆柱状的特征不同，人类男性的生理结构末端有着极其明显的冠状沟（Coronal ridge）。长久以来，解剖学家对这种伞状的膨大形态感到困惑，直到演化心理学家戈登·盖洛普（Gordon Gallup）提出了极具视觉冲击力的**精液置换假说**（Semen Displacement Hypothesis）。

盖洛普没有在道德的温床里打转，而是用工程师的冷酷目光审视了这个器官。他指出，人类阴茎的冠状沟并不是为了增加快感而设计的，它实际上是一个极其高效的"精液刮勺"。在漫长的演化长河中，当一个史前男性远行狩猎归来，或者察觉到伴侣有不忠的嫌疑时，他潜意识里的基因警报就会疯狂拉响。如果伴侣刚刚与部落里的其他男性发生过关系，那么她的生殖道内就已经布满了竞争者的精液。

此时，冠状沟的形态优势便显现出来。在生殖行为的活塞运动中，当器官深入并向外回移时，那个明显突出的冠状沟会像刮刀一样，将竞争对手遗

---

[25] 在演化生物学中，雄性睾丸的相对重量是衡量该物种精子竞争激烈程度的关键指标。大猩猩由于实行由单体银背雄性绝对垄断的"后宫制"，精子竞争极低，因此睾丸尺寸在类人猿中最小；而实行多雄多雌制的黑猩猩则因为极高的精子竞争，演化出了最大的睾丸。A. H. Harcourt, P. H. Harvey, S. G. Larson, and R. V. Short, "Testis Weight, Body Weight and Breeding System in Primates," *Nature* 293, no. 5827 (1981): 55-57.

[26] 人类男性的睾丸相对重量介于大猩猩与黑猩猩之间，这一生理学特征为人类演化史中普遍存在的中度精子竞争提供了强有力的解剖学证据，直接挑战了早期人类严格恪守单配偶制的传统观点。Alan F. Dixson, *Primate Sexuality: Comparative Studies of the Prosimians, Monkeys, Apes, and Human Beings* (Oxford: Oxford University Press, 2012).

留的精液直接从女性生殖道内刮除并“置换”出来。盖洛普甚至在实验室里用乳胶模型和模拟液体进行了流体力学测试，结果令人震惊：在一次标准的模拟运动后，带有冠状沟的模型能够成功刮除高达近九成的模拟精液。而且，相关心理学调查表明，当伴侣久别重逢或者男性对潜在的竞争威胁产生直觉警惕时，其生理动作往往会本能地变得更为深入和剧烈。从演化角度看，这正是为了最大化“刮勺”的清场效率，为自家基因的传递清理出一条畅通无阻的赛道。[27]

为了防止这把“刮勺”误伤友军——也就是在完成繁衍动作后不小心将自身的遗传物质再次排出——演化还为男性配备了另一套保险机制。那就是高潮后迅速到来的“不应期”（Refractory period）以及生理唤起的快速消退。这种在事后瞬间丧失兴趣的生理反应，常常被伴侣误解为情感冷漠，但它其实是基因为了保护刚刚投入战场的精子大军不被自身机制“扫地出门”而下达的强制停机指令。

这些隐藏在解剖学里的生理密码，毫无保留地揭示了史前营火旁的真相：虽然人们在分享食物时高呼平等，但在基因延续的暗斗中，却充满了欺瞒与极其残酷的生殖竞争。女性并未将自己死死绑定在一个猎人身上，她们在寻找优质基因和获取多元化抚养投资之间进行着危险的平衡；而男性为了抵御伴侣不忠的风险，在肉体上演化出了专门用来清理情敌痕迹的生理刮除器。

我们的身体粉碎了“标准叙事”中关于完美忠诚的童话，也戳破了《性在黎明》中浪漫的群婚乌托邦。人类既不是孤独的独狼，也不是纯洁的羔羊，而是被情欲与猜忌共同塑造的复杂生物。而要彻底理解这种游走于忠诚与背叛之间的复杂性，我们需要将目光转向丛林深处另一种更为隐秘的灵长类近亲——倭黑猩猩。

第四节 倭黑猩猩：亲密行为与社交黏合剂

一对现代都市情侣在经历了激烈的争吵后，往往会用一场充满激情的“和好”式亲密接触来化解敌意与隔阂。无论是否使用了避孕措施，这场亲密

27 演化心理学家戈登·盖洛普及其团队提出，人类男性阴茎龟头处的冠状沟结构，是在精子竞争的演化压力下形成的一种物理适应，旨在性交过程中物理刮除竞争对手遗留的精液。他们在实验室中使用乳胶模型证明了该结构的流体力学效率。Gordon G. Gallup Jr. et al., “The Human Penis as a Semen Displacement Device,” *Evolution and Human Behavior* 24, no. 4 (2003): 277-289.

行为的根本目的都绝不是繁衍后代，而是为了修补出现裂痕的情感纽带。对于现代人来说，性可以是一种安抚、一种奖赏，甚至纯粹是驱散无聊的娱乐。

但在崇尚能量算计的自然界里，这种为了“开心”而消耗巨大体力的行为，其实是对演化资源极度奢侈的挥霍。

要看清这场从单纯的“造人任务”向多功能社交工具的演化蜕变，必须越过智人的边界，潜入刚果盆地的茂密丛林。在那里，黑猩猩（Chimpanzee）与倭黑猩猩（Bonobo）与我们共享着几乎同等比例的基因组，却在性与权力的游戏规则上，展现出了截然相反的两副面孔。

黑猩猩的社会是暴力与强权的代名词。对于雌性黑猩猩而言，性行为与受孕窗口期死死绑定。一旦进入排卵期，她们的臀部会不受控制地肿胀充血，宛如在丛林里挂起了一盏极其显眼的霓虹灯，向所有雄性宣告自己已准备好繁衍。这种绝对可靠的生理信号，立刻会引发一场血腥的灾难。体格强壮的头狼会凭借暴力迅速垄断这名雌性，实施极其严密的“伴侣守卫”（Mate-guarding）。他会寸步不离地跟着她，疯狂地攻击任何试图靠近的竞争者，直到红肿消退，确认自己的精子已经独占了这颗卵子。在黑猩猩的世界里，性是稀缺的，是充满火药味的，它纯粹是为了将自私的基因传递下去而进行的武力变现。[28]

然而，在一河之隔的倭黑猩猩领地，画风却迎来了令人错愕的反转。

倭黑猩猩的社会是母系主导的，那里几乎没有致命的暴力冲突，因为它们演化出了一种极其高效的减压阀——将性行为作为一种“社交瑞士军刀”。无论是两只雄性因为争夺无花果而剑拔弩张，还是群体内出现了紧张的对峙，它们化解冲突的方式不是亮出獠牙，而是立刻展开某种形式的性接触以安抚情绪。在倭黑猩猩的营地里，性被彻底降维成了一种日常的社交礼仪，就像人类见面时的握手或拥抱一样自然。雌性倭黑猩猩之间甚至会通过频繁的“G-G摩擦”（一种特殊的同性间亲密接触）来建立坚固的联盟。这种以性为纽带的女性结盟，力量强大到足以联手驱逐任何试图实施暴力的成年雄性。在这里，性化解了生存竞争的戾气，甚至重塑了整个部落的权力结构。[29]

---

[28] 灵长类动物学家理查德·兰厄姆（Richard Wrangham）等人的研究指出，雌性黑猩猩在发情期的明显肿胀会引发雄性极具攻击性的“伴侣守卫”（Mate-guarding）行为，雄性试图通过暴力垄断交配权以确保自身基因的传递。Martin N. Muller and Richard W. Wrangham, eds., *Sexual Coercion in Primates and Humans: An Evolutionary Perspective on Male Aggression Against Females* (Cambridge, MA: Harvard University Press, 2009).

[29] 荷兰灵长类动物学家弗兰斯·德瓦尔（Frans de Waal）在对倭黑猩猩的长期观察中发现，它们

雌性倭黑猩猩之所以能够夺回主动权，是因为她们在演化中使出了一个极其狡猾的障眼法：让自己的生理信号变得“嘈杂”且不可靠。

她们的生理肿胀期被大幅度拉长，肿胀的表象与真实的排卵期严重脱节。有时候她们根本没有排卵，却依然维持着肿胀的假象；有时候肿胀消退了，排卵却刚刚开始。面对这忽明忽暗的生理红灯，雄性根本无法判断她此刻是否真的能够受孕。既然无法精准狙击受孕窗口，耗费巨大体力去暴力垄断雌性就成了一笔稳赔不赚的买卖。视觉信号与实际生育能力的脱钩，巧妙地瓦解了头狼的暴力垄断，将交配的控制权夺回了雌性手中，并让性行为的发生频率远远超出了繁衍的实际需求。[30]

顺着这条“信号模糊化”的轨迹继续向前，人类祖先在漫长的更新世岁月里完成了一场更为极致的生理颠覆。

正如第一章所探讨的，人类女性通过隐蔽排卵和持续的性接受能力，干脆彻底抹除了排卵的视觉信号，并打破了受限于短暂发情期的生理铁律。这项生理学上的双重设定，与倭黑猩猩的演化策略有着异曲同工之妙——它们都彻底砸碎了性与繁衍之间的硬性捆绑。

对于倭黑猩猩而言，信号模糊化瓦解了头狼的暴力垄断；而对于早期人类而言，隐藏排卵期最初是为了将男性死死锚定在营地里共同抚育后代。但殊途同归的是，在这两种灵长类动物的社会中，高频且非繁衍目的的亲密行为，都悄然蜕变成了最强效的社交黏合剂。

就像倭黑猩猩用摩擦来化解争端一样，史前伴侣在营地里的亲密互动，刺激着大脑分泌出大量的催产素与内啡肽。这些化学物质像隐形的绳索，将男女双方紧紧地捆绑在一起，既平息了狩猎失败带来的焦虑，也柔化了部落内部分配不均引发的龃龉。性褪去了纯粹繁衍的底色，演化成了一种情绪安抚机制，一种维系配偶羁绊、确保双方能够共同抵御残酷大自然的生存策略。[31]

广泛使用非生殖性的性接触（如雌性之间的 G-G 摩擦）作为“社交润滑剂”，以此来缓解群体紧张局势、解决冲突并建立母系联盟。Frans B. M. De Waal, *Bonobo: The Forgotten Ape* (Berkeley: University of California Press, 1997).

30 演化生物学观察发现，雌性倭黑猩猩的生殖器肿胀期被显著延长，且与实际排卵期的重合度极低。这种不可靠的生理信号有效降低了雄性通过暴力垄断交配权的收益，从而瓦解了强权统治并赋予了雌性更高的社会自主权。Takeshi Furuichi, “Female Contributions to the Peaceful Nature of Bonobo Society,” *Evolutionary Anthropology* 20, no. 4 (2011): 131-142.

31 隐蔽排卵与持续的性接受能力使得亲密行为从单纯的繁衍功能中剥离出来。高频的性活动通过刺激大脑分泌催产素（Oxytocin）和内啡肽，转化为维系长期配偶羁绊（Pair-bonding）的强大神经化学机制，这对于需要长期共同抚育后代的人类祖先至关重要。Helen E. Fisher, *Anatomy of Love: A Natural History of Mating, Marriage, and Why We Stray* (New York: W.

然而，演化的图纸从来都不是完美无缺的。我们现代人的身体，其实是一座拼凑而成的演化博物馆。

我们既保留了应对群体多伴侣竞争的“精液刮除器”，又演化出了用来锁定长期伴侣的隐蔽排卵机制。这种生理硬件上的“精神分裂”，精确地映射了我们祖先在单配偶制与暗中出轨之间的反复横跳，也注定将智人卷入一场永无宁日的爱欲博弈中。

第五节 双面爱欲：单配偶制与暗藏博弈

一对深爱彼此的现代伴侣并肩走在繁华的街道上，双手紧握，心中充满了对未来的笃定。然而，当一个极具魅力的陌生人迎面擦肩而过时，他们的大脑深处可能会闪过一丝短暂、难以启齿的悸动。这种瞬间的心理偏离往往会引发深深的道德负罪感。但若将视角拉升至百万年的演化尺度，这种看似对伴侣不忠的瞬间走神根本不是品格瑕疵，而是我们躯体内两套相互冲突的生存代码在同时运行。

我们是一个充满妥协与撕裂的物种。在广袤的自然界中，繁衍策略通常黑白分明。如果我们像长臂猿那样演化，地球将充满极其忠诚的伴侣。长臂猿实行严格的单配偶制，雌雄体型几乎没有差异，因为雄性无需为争夺交配权长出庞大的肌肉或獠牙。它们在丛林中结对生活，共同捍卫领地，一生一世不离不弃。相反，如果我们像黑猩猩那样演化，人类的字典里将永远不会出现“婚姻”或“忠诚”这样的词汇。在那个混乱而充满暴力的世界里，交配只是纯粹的生理宣泄和权力展示，没有任何长期契约可言。

智人极其尴尬地卡在了这两种极端的生存策略之间。如前所述，为了抚育拥有巨大脑容量的脆弱后代，我们的祖先被迫结成了长期的互助同盟。这种基于资源共享和共同抚育的契约，在生物学上被称为**社会性单配偶制**（Social Monogamy）。它构成了人类组建家庭、分工协作的基石。伴侣之间分享食物、建立据点、抵御外敌，形成了一个最基础的经济与生育单元。[32]

然而，将繁衍简单地理解为“搭伙过日子”，彻底低估了演化中另一个冷

W. Norton & Company, 1992).

[32] 演化人类学认为，人类婴儿极端的“早产”和极长的大脑发育期（即次级晚熟），迫使我们的祖先演化出了共同抚育后代的合作模式，这成为了人类社会性单配偶制（Social Monogamy）的生物学基石。Sarah Blaffer Hrdy, *Mothers and Others: The Evolutionary Origins of Mutual Understanding* (Cambridge, MA: Harvard University Press, 2009).

酷的变量：基因多样性与质量的最大化。从纯粹的基因延续角度看，将所有筹码押注在一个伴侣身上是一项高风险投资。如果忠厚老实的丈夫虽然勤恳打猎，但免疫系统存在隐患呢？如果一场瘟疫瞬间抹平了整个家庭的传承呢？为了对冲这种风险，在表面稳固的单配偶制之下，人类基因池里始终暗流涌动着另一种截然不同的本能——**暗藏的多伴侣倾向**（Clandestine Promiscuity），或者用演化心理学家的话来说，即“短期交配策略”。[33]

这种暗藏的繁衍博弈在男女两性身上展现出了不同但同样精明的算计。对史前女性而言，最理想的繁衍策略并非绝对忠贞，而是一种极其危险但收益巨大的双重策略。她们需要一个愿意长年累月提供稳定资源和抚养心血的可靠伴侣，但在排卵受孕的关键时刻，潜意识又极易受到部落里基因最优秀、体格最强壮的猎手吸引。这种策略试图在“优质基因”与“稳定抚养”之间实现完美兼得。[34]

男性面临的演化逻辑同样充满极度撕裂。若不投入大量资源陪伴女性共同抚养孩子，极其脆弱的后代根本活不到成年，基因传递将彻底断绝。但由于精子生产成本极低，生理机制天然驱动着他们去尽可能多地播撒种子。在营火旁扮演忠诚丈夫的同时，遇到无需承担抚养责任的短期交配机会时，大脑机制会本能地给予强烈奖赏信号。

人类既不是纯洁无瑕的单配偶制模范，也不是毫无底线的群婚制暴徒。作为演化在特定生态压力下拼装出的复杂混合体，我们的大脑里同时刻着渴望安稳的指令和寻求刺激的冲动；身体既安装了清理竞争对手的微观结构，又保留了维系长期陪伴的隐蔽信号。

然而，在残酷的荒野中，单靠冷冰冰的利益算计，根本不足以让这群随时可能背叛彼此的古猿紧紧依偎，共同熬过漫长枯燥的抚育期。为了让这种内部张力极大的合作繁衍模式强行运转下去，大自然不得不祭出了它最隐秘的终极武器。

---

33 演化心理学家戴维·巴斯（David Buss）和戴维·施密特（David Schmitt）提出的“性策略理论”（Sexual Strategies Theory）指出，人类的繁衍并非只有长期相守一种模式。为了最大化基因的延续，人类在演化中同时保留了寻求短期交配机会的心理机制。David M. Buss and David P. Schmitt, “Sexual Strategies Theory: An Evolutionary Perspective on Human Mating,” *Psychological Review* 100, no. 2 (1993): 204-232.

34 史蒂文·甘吉斯塔德（Steven Gangestad）和兰迪·桑希尔（Randy Thornhill）提出了女性的“双重交配策略”（Dual Mating Strategy）假说。该理论认为，女性在演化中发展出在排卵期偏好具有“优质基因”特征的男性，而在非排卵期则更倾向于能提供稳定资源的长期伴侣的心理倾向。Steven W. Gangestad and Randy Thornhill, *The Evolutionary Biology of Human Female Sexuality* (New York: Oxford University Press, 2008).

它不再满足于改造骨盆、缩小犬齿或重新设计生殖器官。为了确保我们能在这场充满背叛风险的合作中死心塌地，演化之手直接探入大脑深处，悄然篡改了我们的神经化学回路。它调配出三种极其猛烈的化学迷幻剂，试图用狂热、执念与温情来彻底接管我们摇摆不定的理性。

这便是爱的诞生。

第三章 大脑的化学共谋：情欲、浪漫与依恋

第一节 基因的播种机：睾酮与性冲动

在一个极其寻常的现代周末夜晚，当都市男女走进一家拥挤喧嚣的酒吧，灯光昏暗，低音炮的震动仿佛要穿透胸腔。突然，在人群的缝隙中，两人的视线隔着吧台交汇了。仅仅在那不到十分之一秒内，身体会发生一系列剧烈的、完全不受主观意识控制的物理反应：瞳孔开始不可抑制地放大，心跳轻微加速，手心可能渗出细微的冷汗，某种难以言喻的、原始的电流感从脊椎底部直窜大脑皮层。在这个瞬间，双方完全不知道对方的名字、职业、信用记录或潜在的性格缺陷，甚至不知道彼此是否能进行五分钟以上的顺畅交流，但身体已经越过理智做出了决定——想要接近，想要剥离社会身份，进行最原始的生物学结合。

这种剥离了所有社会属性、纯粹而炽热的肉体渴望，在当代语境下被称为“性冲动”或“情欲”。道德家可能将其斥为需要克服的低级趣味，但在进化生物学家的显微镜下，这正是演化之手探入大脑深处，为我们调配出的第一剂猛药。正如上一章所述，人类那套基于“社会性单配偶制”与暗中出轨并存的双重交配策略，充满了背叛的风险。骨骼、器官和荷尔蒙仅仅是进化的死板“硬件”，如果没有一套强大的神经“软件”来强制驱动，人类根本无法在危机四伏的荒野中建立稳固的合作抚育纽带。生殖器官不能自己走向伴侣，它们需要大脑下达明确且无法抗拒的化学指令。

为了维持这种极具张力的繁衍模式，大脑并没有简单地开发出一个单一的“爱情开关”。相反，它进化出了三套截然不同、却又紧密交织的神经化学系统。著名生物人类学家海伦·费舍尔（Helen Fisher）及其团队通过对大量处于不同恋爱阶段的人群进行功能性磁共振成像（fMRI）扫描和激素水平分析，将这三套系统精辟地概括为：情欲（Lust）、浪漫吸引（Romantic Attraction）和依恋（Attachment）。当实验者躺在冰冷的核磁共振仪里时，他们大脑中不同的区域像圣诞树一样亮起，揭示了这三套系统各自拥有独特的神经回路、演化时间表和激素引擎，分别负责解决不同的生存难题。在这个由化学物质构建的控制塔里，没有任何多余的浪漫废话，只有赤裸裸的演化逻辑。[35]

一切故事的起点，那个将我们毛茸茸的祖先从安全的山洞中驱赶出来，步入危机四伏的旷野中寻找交配对象的原始引擎，就是“情欲”系统。

如果说人类的繁衍是一场跨越百万年的、残酷的基因投资游戏，那么情欲系统的唯一目标，就是尽可能广泛地“播撒种子”或“收集种子”。它是一台不辨是非、永远饥渴的雷达，不断扫描着环境中的任何交配机会。驱动这台雷达高速运转的核心燃料，是一种我们耳熟能详、却常常被严重误解的化学物质：睾酮（Testosterone）。

在流行文化中，睾酮长期以来被刻板地贴上“男性专属”的标签，仿佛它是肌肉膨胀、好勇斗狠、体育竞技和暴力冲突的代名词。市面上的男性保健品广告更是不断强化这一刻板印象。但事实上，从演化的视角来看，睾酮是男女两性共同的情欲引擎。虽然男性体内的睾酮基线水平确实远高于女性(这也解释了为什么在几乎所有的跨文化统计和心理学问卷中，男性普遍表现出更强烈的、指向多样性和陌生人的性冲动)，但女性的性欲同样严重依赖于睾酮的分泌。

当睾酮在血液中奔流，它会径直穿过血脑屏障，精准地激活大脑中与性动机相关的特定区域，特别是下丘脑（hypothalamus）和内侧视前区（medial preoptic area），同时它还会抑制大脑前额叶皮层的某些高级认知和逻辑判断功能。这就是为什么人在极度渴望时常常会“失去理智”，做出事后后悔的冲

---

[35] 海伦·费舍尔是最早利用 fMRI 技术对人类大脑中的浪漫之爱进行神经影像学研究的学者之一。她的团队通过扫描受试者大脑，证实了情欲、浪漫吸引和依恋分别由不同的神经回路和激素驱动。Helen E. Fisher, *Why We Love: The Nature and Chemistry of Romantic Love* (New York: Henry Holt and Company, 2004), 75-78.

动决定——大脑故意关闭了理智的刹车，以确保交配行为能够顺利发生。在这里，睾酮就像是在给大脑的奖赏回路猛踩油门，它放大了多巴胺的信号，使得“寻找交配对象”这一行为在神经层面上变得极度诱人。研究表明，当医生给性欲低下的患者（无论是绝经后的女性还是睾酮水平下降的男性）补充睾酮时，他们脑海中关于性的幻想、对性刺激的关注度以及实际的性行为频率都会显著增加。然而，至关重要的是，这些患者并没有因此突然爱上某个人，也没有对当前的伴侣产生更深的心理依恋。他们只是单纯地、更加迫切地想要发生性行为。[36]

这正是情欲系统最冷酷、也最令人着迷的特质：它完全独立于情感认同。

演化为什么要在我们的大脑中植入这样一个“盲目”的系统？为什么不让人类在深入了解对方的价值观和性格之后再产生性冲动？答案在于“概率”与“基因多样性”。在更新世那种危机四伏、婴儿死亡率极高的恶劣环境中，如果人类祖先在挑选交配对象时过于挑剔，或者只有在建立了深厚的情感羁绊后才愿意交配，那么整个人类物种可能早就因为繁殖效率过低而灭绝了。情欲系统的演化功能，就是为了打破这种潜在的繁殖僵局。它的核心目标绝非停留在单纯的繁衍数量上，而是要构建起一道抵御寄生虫与致命疾病的基因防线。通过不断与不同基因型的个体交配，后代获得了更加多样化的免疫系统，这就是演化生物学中著名的“红皇后假说”（Red Queen Hypothesis）在性行为上的体现。[37]

它不需要个体去深入了解对方的灵魂，也无须冗长地评估对方的养育能力，它唯一的指令是迅速识别出目标对象健康的体态、对称的面容或是散发出的特定费洛蒙。它迫使个体去寻求广泛的、多样化的伴侣。生物学上有一个著名的现象叫做“柯立芝效应”（Coolidge effect）。在经典的动物实验中，一只雄鼠在与同一只雌鼠多次交配后会表现出性疲惫，甚至拒绝继续交配；但一旦研究人员将一只全新的、未交配过的雌鼠放入笼中，这只看似精疲力尽的雄鼠会立刻恢复勃勃生机，重新开始疯狂的交配。虽然在拥有复杂大脑和

---

[36] 大量临床双盲试验证明，睾酮替代疗法能够显著增加绝经后女性以及性欲减退症患者的性冲动和性幻想频率。这进一步证实了睾酮作为独立的“情欲引擎”的作用，它驱动纯粹的性动机，而不涉及复杂的情感依恋。Susan R. Davis et al., “Global Consensus Position Statement on the Use of Testosterone Therapy for Women,” *The Journal of Clinical Endocrinology & Metabolism* 104, no. 10 (2019): 4660-4666.

[37] 红皇后假说由进化生物学家利·范·瓦伦提出，后由马特·里德利在科普著作中发扬光大。该假说指出，有性生殖的主要进化优势在于通过基因重组，使宿主在对抗不断变异的病原体和寄生虫的“军备竞赛”中保持优势。Matt Ridley, *The Red Queen: Sex and the Evolution of Human Nature* (New York: Viking, 1993), 60-65.

道德约束的人类身上，这种效应的表现受到社会文化的强烈制约，但其底层的生物学逻辑是一致的：演化极度鼓励对新鲜交配对象的渴望，从而最大限度地保证基因的传播与组合，增强后代抵御未知病原体的能力。[38]

在现代社会中，基于滑动匹配的约会软件之所以能够轻易劫持我们的大脑，正是因为它们通过不断提供未曾见过的面孔，完美地模拟了无限触发“柯立芝效应”的数字环境，让睾酮驱动的情欲系统始终处于亢奋状态。这解释了为什么现代人会对一个仅仅在手机屏幕上划过、或在电梯里擦肩而过的陌生人产生强烈的性冲动。在这个数字化的狩猎场上，我们的身体依然以为自己生活在更新世的旷野里，每一次左滑或右滑，在潜意识中都是一次攸关种群存亡的基因抉择。

这种独立运转的化学机制，正是现代社会中无数道德冲突与内心挣扎的根源。当我们被外界的新鲜面孔诱惑时，大脑并没有出故障，它只是在完美无瑕地执行三十万年前写下的原始代码。现代的婚姻制度要求我们用意志力（前额叶皮层）去强行压制这些冲动，但这无疑是极其消耗认知资源的。

然而，如果人类仅仅拥有睾酮驱动的情欲系统，我们就会变成一群永远处于发情期的盲目交配机器。我们会不断地与不同的人交配，留下无数的子嗣，却没有人愿意停下脚步、消耗巨大的能量去照顾那些极度脆弱、需要漫长岁月才能独立生存的人类幼崽。为了确保后代不仅能被生下来，还能活下去，演化的盲眼钟表匠必须在这个狂暴的情欲引擎之上，再加装一个极其强大的聚焦装置。

这个装置必须强大到足以让我们暂时忽略环境中其他所有潜在的基因诱惑，把所有的注意力、情绪、时间和生命资源，都病态般地倾注在特定的一人身上。于是，为了对抗盲目的情欲，大脑施展了它有史以来最伟大的化学障眼法，人类历史中最被传颂、最令人神魂颠倒的第二套系统——浪漫之爱，在多巴胺的洪流中诞生了。

---

38 “柯立芝效应”由行为内分泌学家弗兰克·A·比奇在 20 世纪 50 年代末命名，并在随后的动物实验中被正式文献证实。该效应揭示了雄性在面对新交配对象时性欲的迅速恢复现象，表明追求交配多样性是深植于哺乳动物神经系统中的演化本能。James R. Wilson, Robert E. Kuehn, and Frank A. Beach, “Modification in the sexual behavior of male rats produced by changing the stimulus female,” *Journal of Comparative and Physiological Psychology* 56, no. 3 (1963): 636-644.

第二节 繁衍的倒计时：刻在基因里的“四年之痒”

当一对男女在城市街头深情相拥，坚信彼此就是命中注定的灵魂伴侣时，我们通常会用十四行诗、流行情歌和宏大的文学作品来歌颂这种神圣的情感。但在神经科学家的核磁共振仪里，浪漫之爱的本质显得既机械又震撼。在海伦·费舍尔团队的前述 fMRI 脑成像实验中，当受试者凝视着心上人的照片时，他们大脑深处一个极其古老、富含多巴胺的区域——腹侧被盖区（Ventral Tegmental Area, VTA）——以及与之相连的尾状核（Caudate nucleus），立刻像圣诞树一样猛烈地亮起。

VTA 是一个微型的、高功率的化学工厂，它位于大脑底部，靠近控制基本生存本能（如口渴和饥饿）的中枢。它源源不断地制造并向大脑其他部位泵出一种名为“多巴胺”的神经递质。多巴胺通常被通俗媒体误称为“快乐物质”，但这实际上是一个严重的误解。多巴胺的核心功能根本不是带来静态的快乐，而是产生“渴望”、“动机”和“高度集中的注意力”。它是大脑奖赏回路的核心燃料，驱动着人类去不顾一切地追求那些对生存和繁衍至关重要的目标。当我们在极度口渴时看到一杯水，或者当重度依赖者面对强效的成瘾物质时，VTA 都会大量分泌多巴胺。费舍尔的扫描结果揭示了一个颠覆性的事实：浪漫之爱在大脑中的底层运作机制，与重度物质成瘾几乎完全一致。它根本不是一种简单的情感状态，而是一种深植于哺乳动物大脑底层的强大内驱力和生存程序。[39]

这就解释了热恋中的人为何会表现出种种近乎“病理学”的生理和心理反应：彻夜难眠、食欲不振、心跳加速、掌心出汗，以及对伴侣不可理喻的强迫性思维。此时的大脑正处于多巴胺的狂飙之中，它发出了明确无误的最高指令：去获取那个人，去占有那个人，不惜一切代价。法国作家司汤达曾精准地将其描述为“结晶”过程（Crystallization）——在多巴胺和去甲肾上腺素的共同作用下，大脑会进行一种极端的认知扭曲。它会自动过滤掉伴侣身上所有的缺点、怪癖和性格缺陷，同时将对方极其微小的优点无限放大。在这个化学滤镜下，对方不再是一个普通的智人，而是一个完美无瑕的稀世珍宝。

[39] 海伦·费舍尔与其同事阿瑟·阿伦（Arthur Aron）等人在 2005 年发表了关于浪漫之爱的突破性 fMRI 研究。该研究首次在神经生物学层面上证明了浪漫之爱激活了由多巴胺主导的奖赏和动机回路，而非仅仅是一种基本情绪。Helen Fisher, Arthur Aron, and Lucy L. Brown, “Romantic love: an fMRI study of a neural mechanism for mate choice,” *The Journal of Comparative Neurology* 493, no. 1 (2005): 58-62.

而当热恋中的人被迫分离时，多巴胺水平的骤降会引发真实的、伴随躯体痛苦的“戒断反应”，就如同试图戒掉尼古丁一样令人抓狂。[40]

如果说第一套系统“情欲”的潜台词是“想要一个人（任何人）”，那么第二套系统“浪漫吸引”的潜台词就是“只想要这一个人”。从演化的经济学角度来看，这是一个绝妙的节能策略。在广袤而危险的荒野中，不断地寻找、评估、竞争和追求新的交配对象，需要消耗极其庞大的卡路里。在求偶的过程中，雄性需要与其他竞争者搏斗，雌性需要承担被暴力伤害的风险，同时这种四处游荡的行为会极大地增加遭遇剑齿虎等掠食者的概率。浪漫之爱通过多巴胺的障眼法，人为地在我们认知中关闭了其他选项，使我们坚信眼前的这个人就是世界上唯一独特的存在。这种强烈的错觉，有效地终止了无休止的寻偶消耗，让两个人能够安静下来，在一个相对安全的环境中完成交配，并把所有积攒的能量投入到即将到来的艰难抚育中。

然而，大自然虽然仁慈地赐予了人类这种极度美妙的主观体验，但它骨子里却是一个极其冷酷的实用主义者。这种由多巴胺主导的、令人目眩神迷的“热恋期”或“蜜月期”，在主观感受上仿佛可以超越死亡、持续到时间尽头，但生物学规律却给它设定了一个不可违抗的残酷倒计时。

人类的神经系统根本无法长期承受如此高浓度、高强度的多巴胺轰炸。如果一个人几十年如一日地保持着热恋时的那种失眠、心悸、极度亢奋和强迫性思维，其神经系统会彻底崩溃，代谢会被严重透支，甚至无法集中精力去打猎、采集食物或识别危险。

从纯粹的生理机制上来说，浪漫之爱的化学高潮注定是短暂的。

随着时间的推移，大脑接收多巴胺的受体为了保护神经细胞免受过度刺激，会逐渐降低其敏感度（下调机制），那种令人如痴如醉的激情不可避免地会开始消退，理智的认知过滤网也会慢慢重新启动。

那么，这个浪漫之爱的“保质期”究竟有多长？海伦·费舍尔在进行脑成像研究的同时，还查阅了联合国收集的涵盖全球 62 种不同文化、跨越几十年的庞大人口统计学数据。这些数据既包含了高度工业化的斯堪的纳维亚国家，也涵盖了传统的农业社会，甚至包括了喀拉哈里沙漠中像昆人（!Kung）这样

[40] 法国作家司汤达在其 1822 年的著作《论爱情》（De l’ amour）中首次提出“结晶”这一比喻，用以描述恋爱中将对方完美化的心理投射过程。现代心理学和神经科学证实了这种多巴胺驱动的认知扭曲现象。Stendhal. [1822] 1975. *On Love*. Translated by Gilbert Sale (London: Penguin Classics, 1975), bk. 1, chap. 2.

依然保持着狩猎采集生活方式的现代原始部落。她在一堆枯燥的数字中发现了一个令人不寒而栗的跨文化普适规律：无论在哪个大洲，无论社会经济背景如何，人类离婚率（或伴侣关系解体）的峰值，无一例外地出现在结婚或同居后的第四年。这就是在人类学和演化心理学界引起巨大震动的“四年之痒”。[41]

为什么偏偏是四年？若将视线重新投向更新世的东非大草原，这个看似随机的数字背后的演化意义便豁然开朗。在没有现代医学、没有保温箱、更没有婴儿配方奶粉的史前时代，一个人类婴儿从哇哇坠地、最脆弱的哺乳期，到最终断奶并能够勉强跟随部落移动，大约需要三到四年的时间。在这最为关键的四年里，婴儿的生存容错率极低，如果母亲在这期间失去伴侣的狩猎肉类补充和物理保护，婴儿夭折的概率将呈指数级上升。因此，演化通过多巴胺等一系列化学物质的强效黏合剂，在这个特定的时间窗口内，将这对男女强制绑定在一起，确保他们能够同心协力撑过抚育后代最危险的时光。

然而，一旦孩子长到四岁左右，完成了断奶，开始加入部落里由更年长儿童、阿姨和祖母们组成的“多年龄游乐群”——即史前典型的集体抚育和异母共同教养模式，孩子对父亲的绝对依赖性就会大幅度降低。母亲的生育负担也随之减轻，身体开始恢复排卵。此时，维系这对男女最初结合的核心生物学任务已经宣告完成。于是，浪漫之爱的化学迷雾按时消散，大脑的激素水平逐渐回落到平静的基线。

在这个阶段，原本被“结晶过程”过滤掉的伴侣缺点开始变得刺眼且难以忍受。

更重要的是，演化的逻辑无情而高效。

既然第一个孩子已经度过了致死率最高的危险期，为了最大化基因在未来恶劣环境中的存活率，个体此时去寻找一个新的伴侣、繁育一个具有全新免疫系统基因组合的后代，反而成为了一种更具演化优势的繁殖策略。

这种在特定时间周期内维持一对一关系、然后解体并重组的模式，在生物学上被称为“连续单配偶制”(Serial Monogamy)。人类底层的生物学出厂设置，并不是像童话里写的那样一生只与一人白头偕老。演化的默认程序是：与一个人被化学物质强行绑定，共同保护一个婴儿度过最脆弱的时期；几

---

[41] 费舍尔通过分析联合国《人口统计年鉴》中涵盖全球 62 个社会的数据，发现离婚率的高峰普遍出现在结婚后的第四年左右。她提出，这种模式反映了人类祖先为抚育婴儿度过最脆弱时期而演化出的短期配偶结合机制。Helen E. Fisher, *Anatomy of Love: A Natural History of Mating, Marriage, and Why We Stray* (New York: W.W. Norton & Company, 1992), 149-153.

年后这种繁衍驱动的化学黏合剂自然失效，关系解体，接着再次被睾酮驱动去寻找下一个伴侣，开启新一轮的多巴胺周期。现代社会中许多看似突然的“四年之痒”，本质上是因为维系早期抚育的化学黏合剂正在按时退去，露出了冷酷的演化底色。[42]

但这是否意味着，在更新世的旷野上，我们的祖先注定要在短短四年后就分道扬镳？如果多巴胺的保质期如此短暂，那人类如何能够共同抚养多个接连出生的后代？显然，要维持一个更长期的部落纽带和家庭结构，仅仅依靠像烟花般绚烂但短暂的浪漫之爱是绝对不够的。当激情的退潮不可避免地来临时，大脑的化学武器库并没有弹尽粮绝。为了将男女双方更长久地捆绑在一起，演化必须启动它的第三套系统。它将用一种更为平静、深沉、如同大地般厚重的化学物质，来替代正在消散的浪漫迷雾。

第三节 生存的黏合剂：催产素与长效依恋

清晨的公园长椅上，一对满头银发的老夫妇并排坐着。他们各自看着手中的报纸，长达半小时没有一句交谈。这里没有令人窒息的深情凝视，没有因触碰而加速的心跳，也没有多巴胺狂飙带来的失眠与狂热。然而，当其中一人极其自然地伸手替另一人掸去肩膀上的落叶时，那种不费吹灰之力的默契，展现出了一种比热恋更坚不可摧的结构力量。如果说多巴胺驱动的浪漫之爱是一场以透支神经系统为代价的绚烂烟火，那么眼前这种历经数十年风雨依然稳固的关系，究竟是由什么化学燃料在支撑？

演化绝不允许浪漫之爱的消退成为繁衍的终局。事实上，高耗能的多巴胺高潮通常在一到三年内就会不可避免地退潮。如果父母双方在多巴胺耗尽的瞬间立刻分道扬镳，那个正处于最脆弱哺乳期的史前婴儿将面临极高的夭折风险。大自然需要一种更长效、更持久、燃烧更加缓慢的化学黏合剂。它必须能够在多巴胺退场后顺利接管大脑，将狂热的执念转化为一种平静、安全且深沉的联结感，从而将这段关系至少延续到四年左右——这恰好是一个婴儿断奶、初步获得独立生存能力的时间点，也是跨文化数据中“四年之痒”的来源。此外，人类的繁衍策略更像是一条连续不断、相互重叠的流水线。在更新

---

42 “连续单配偶制”是演化心理学中用来描述人类在不同生命阶段形成一系列排他性伴侣关系的术语。这种繁殖策略在确保后代存活的同时，也通过更换伴侣增加了基因组合的多样性。Helen E. Fisher, “Evolution of Human Serial Pairbonding,” *American Journal of Physical Anthropology* 78, no. 3 (1989): 331-354.

世的部落中，如果一对男女每隔四年生育一个孩子，那么在第一个孩子断奶时，第二个孩子往往正处于最脆弱的襁褓期。于是，为了弥补多巴胺短命的缺陷，并让伴侣有可能跨越“四年之痒”支撑起漫长重叠的抚育周期，第三套独立的大脑系统——“依恋（Attachment）”系统，应运而生。

驱动这套长效防御系统的核心化学物质，是催产素（Oxytocin）和加压素（Vasopressin）。它们并非像多巴胺那样引发大脑的狂欢，其作用机制更像是一副强效的镇静剂。伴侣之间的拥抱、抚摸、亲吻或性高潮，会促使下丘脑大量分泌催产素。这种激素迅速穿过血液，强力抑制杏仁核的活动——而杏仁核正是大脑处理恐惧与警觉反应的中心。在催产素的浸泡下，警惕感烟消云散，取而代之的是一种无与伦比的安全感和信任感。另一方面，加压素则在男性大脑中扮演着至关重要的角色，深刻影响着男性的领地意识、对伴侣的保护欲以及对后代的抚育动机。[43]

为了彻底搞清楚这两种激素是如何将原本各自为战的个体缝合在一起的，神经科学家托马斯·因塞尔（Thomas Insel）和拉里·杨（Larry Young）将目光投向了北美大草原上的橙腹田鼠（Prairie Vole）。在哺乳动物中，只有不到 5% 的物种实行单配偶制，而橙腹田鼠正是这极少数的异类。它们不仅在交配后形成终生的伴侣关系、共同抚养幼崽，而且一旦伴侣死亡，幸存的一方通常会陷入类似人类抑郁症的哀悼状态。然而，就在同一片大陆上，生活着它们外貌和基因组极其相似的近亲——草甸田鼠（Meadow Vole）。但在性行为上，草甸田鼠却是彻底的杂交主义者：交配后雄鼠立刻拔腿就跑，留下雌鼠独自抚育后代。

解剖刀揭开了一个令人惊叹的化学开关。这两种田鼠体内分泌的催产素和加压素数量大致相同，真正的区别在于大脑接收激素的“天线”。在忠诚的橙腹田鼠大脑中，与奖赏和成瘾密切相关的伏隔核与腹侧苍白球区域，密集分布着激素受体。交配释放的激素准确击中这些靶点，在神经回路上将“特定伴侣”与“极度愉悦”死死焊接在一起。相比之下，草甸田鼠的奖赏中心缺少这些受体，激素得不到任何神经回响。所谓长相厮守的忠诚，与其说是高尚的道德选择，不如说是受体密度决定的生物学配置。科学家通过基因工程将相关受体基因直接注入薄情的草甸田鼠大脑中，奇迹随即发生：天生的浪

[43] 催产素和加压素是调节哺乳动物社会行为和配偶羁绊的核心神经肽。催产素主要通过抑制杏仁核活动降低恐惧感、促进信任，而加压素在雄性中更多驱动领地防御和伴侣保护行为。Thomas R. Insel, “The challenge of translation in social neuroscience: a review of oxytocin, vasopressin, and affiliative behavior,” *Neuron* 65, no. 6 (2010): 768-779.

子瞬间变成了专一的模范伴侣。人类的大脑同样受制于这套古老的受体网络，催产素和加压素的受体浓度，构成了我们组建家庭、维系复杂社会关系的最底层逻辑。[44]

当多巴胺的狂热褪去，催产素接管了神经系统，从工程学的角度看，这似乎是一个极其完美的设计。但海伦·费舍尔的研究揭示了人类大脑结构中一个致命且令人痛苦的缺陷：情欲、浪漫吸引和依恋这三套系统，在解剖学上是各自独立的神经回路。它们不仅可以协同工作，也完全可以在同一时间、对不同的对象独立运作。[45]

这就是人类在处理亲密关系时感到混乱与内耗的生物学根源。在同一时期内，一个人完全可能对相伴多年的配偶保持着深厚的依恋与宁静，同时大脑的另一部分回路却在睾酮或多巴胺的刺激下，对外界的新鲜面孔产生不受控制的注意力偏移。演化赋予了人类分别体验这三种状态的能力，因为这种生理灵活性在远古环境中有利于基因的延续。然而，这种各行其是的化学回路，也意味着三套系统随时可能发生错位。

为了保护依恋系统所付出的巨大沉没成本，演化绝不可能袖手旁观。它必须在人类的心理防线中，锻造出一把极其锋利的自我防御武器——一种专门用来对抗背叛、且至今依然是人类情感中最具破坏性的狂暴力量。

第四节 背叛的防御机制：嫉妒的演化逻辑

想象这样一个极其寻常的现代晚宴场景：当我们正与朋友谈笑风生，不经意间转头时，突然看到自己的伴侣站在房间另一端，正与一个迷人的陌生人相谈甚欢。伴侣的身体微微前倾，眼神中闪烁着某种我们曾经无比熟悉、如今却似乎只对别人绽放的光芒，甚至还伴随着一阵轻声的低笑。在这个瞬间，大脑甚至还来不及进行任何理性的逻辑推理，身体就已经拉响了最高级别的警报：胃部仿佛瞬间被掏空，心跳骤然加速，手心渗出冷汗，原本宽广的视野

---

[44] 托马斯·因塞尔和拉里·杨通过对比橙腹田鼠（单配偶）和草甸田鼠（多配偶），发现决定两性社会行为差异的关键在于大脑奖赏系统（如伏隔核和腹侧苍白球）中催产素与加压素受体的分布密度。Larry J. Young and Zuoxin Wang, “The neurobiology of pair bonding,” *Nature Neuroscience* 7, no. 10 (2004): 1048-1054.

[45] 海伦·费舍尔指出，情欲、浪漫吸引和依恋这三个大脑系统虽然相互交织，但在神经生物学上是相对独立的回路，这种结构设计使得个体能够同时对不同对象产生不同类型的情感联系。Helen E. Fisher et al., “Defining the brain systems of lust, romantic attraction, and attachment,” *Archives of Sexual Behavior* 31, no. 5 (2002): 413-419.

瞬间收缩，变成只能容下那两人的“隧道视觉”。一种混合着愤怒、恐惧、屈辱与强烈占有欲的情绪，像一阵冰冷的电流般击穿了神经系统。

在现代流行文化中，嫉妒经常被贴上负面标签。它被视为不成熟的标志、缺乏安全感的投射，甚至是一种需要通过心理干预来克服的性格缺陷。情感导师们总是教导我们要建立自信，要给伴侣留有空间，仿佛嫉妒是一种可以且应该被理性抹除的系统错误。然而，一旦剥开文明的道德外衣，将目光重新投射到三十万年前更新世的残酷旷野上，演化心理学便会给出一个截然不同的冷酷答案：嫉妒绝不是大脑的故障，而是演化这台精密机器为保护我们最核心的生殖利益，而精心锻造的最古老、最强大的早期预警防御系统。

要理解嫉妒为什么必须存在，首先需要直面人类大脑中那个致命的设计缺陷：前文提及的情欲、浪漫吸引和依恋三套独立系统，随时可能发生致命的化学错位。从纯粹的生物学潜力来说，一个人完全可以在深深依恋合法配偶、维持长效安全感的同时，对办公室里的新同事产生强烈的多巴胺吸引，甚至在下班回家的地铁上，又被睾酮驱动对擦肩而过的陌生人产生炽热的肉体情欲。这种“各行其是”的化学共谋，在远古时代赋予了人类极大的交配灵活性，使得基因能够最大程度地分散投资。但硬币的另一面是，它将每一段亲密关系都置于一个极度危险的火山口上。在这个由三套独立系统编织的情感迷宫里，忠诚从来都不是一种一劳永逸的默认状态，而是一场需要不断抵御外界诱惑的持续战役。

在人类漫长的演化史中，抚育一个高度晚熟、大脑极其消耗能量的婴儿，是一项成本高昂的浩大工程。它需要父母双方投入海量的卡路里、全天候的保护和漫长的时间。如果在这种高额投资的过程中发生了“背叛”，对于被背叛的一方来说，这绝非单纯的情感挫折，而是基因延续的灭顶之灾。因此，大自然绝不可能让人类在面对潜在的伴侣出轨时保持“成熟”与“豁达”。那些在伴侣与其他异性调情时无动于衷、充满“安全感”的远古人类，他们的基因早就因为配偶被拐跑或生存资源被切断而淘汰在历史的尘埃中了。我们，全都是那些极度敏感、善妒且控制欲极强的祖先的后代。嫉妒的演化功能，就是在背叛真正发生并造成不可挽回的基因损失之前，提前嗅出危险的信号，驱动个体采取激烈的行动：要么通过威胁和暴力驱逐竞争对手，要么通过增加对伴侣的投入来挽回颓势。[46]

[46] 演化心理学家认为，嫉妒并非性格缺陷，而是一种极其重要的“伴侣保留策略”（Mate Retention Tactic），旨在保护个体免受繁殖资源的毁灭性损失。David M. Buss, *The Dangerous*

然而，这座精密运转的防御系统中，隐藏着一个更令人震惊的演化秘密：虽然男女都会体验到同样撕心裂肺的嫉妒折磨，但触发这座火山喷发的“核心引信”却截然不同。

1992 年，演化心理学家戴维·巴斯（David Buss）发表了一项轰动学术界的经典研究。巴斯的团队设计了一个残酷的思想实验，要求受试者想象伴侣出轨，并在两种场景中选出更令人痛苦的一项：第一种是伴侣与他人发生了充满激情的肉体关系，但没有情感交流；第二种是伴侣与他人陷入了深深的精神恋爱，但没有发生任何肉体接触。

在文化建构主义者看来，男女的反应应该大致相同，或仅受后天教育的影响。但巴斯的数据像一把锋利的手术刀，切开了男女在漫长演化中面临的截然不同的生存困境。结果呈现出惊人的性别分化：绝大多数男性表示，伴侣的“肉体背叛”（性不忠）令人痛不欲生；而绝大多数女性则坚定认为，伴侣的“精神背叛”（情感不忠）才是最致命的打击。为了排除受试者迎合社会期望的可能性，巴斯为他们连接了生理监测设备。心率飙升和皮肤电导率（出汗量）的剧烈波动完美印证了问卷结果：男性在想象伴侣与他人发生性关系时，身体会立刻进入极端的生理应激状态，宛如遭遇猛兽袭击；而女性在想象伴侣爱上别人时，生理唤起最为剧烈且持久。[47]

为什么会出现这种双重标准？答案隐藏在两性生殖结构的鸿沟之中。

对男性而言，他们面临着体内受精的雄性哺乳动物无法摆脱的终极生物学幽灵——“父权不确定性”（Paternity Uncertainty）。在没有 DNA 鉴定的远古时代，母亲能百分之百确定肚子里的孩子携带着自己的基因，但父亲永远无法获得这种绝对确信。如果远古男性未能防范伴侣的肉体出轨，他面临的演化惩罚将是灾难性的：他会将辛苦打猎得来的肉类、用生命换来的庇护所，甚至一生的心血，毫无保留地投入到抚养另一个男人的基因上。在基因竞争的棋盘上，这无异于倾其所有去资助自己最大的竞争对手。因此，男性的嫉妒系统演化出了对“性不忠”的病态敏感。这种嫉妒如同灵敏度极高的生物报警器，哪怕伴侣对其他男性展露一个微妙的微笑，都可能触发警报。演化的冷酷逻辑宁愿让男性频繁“误报”，也绝不容忍一次真正的漏报。这也

Passion: Why Jealousy Is as Necessary as Love and Sex (New York: Free Press, 2000), 25-30.

[47] 戴维·巴斯的经典研究首次将演化理论与生理学指标（如心率和皮肤电导率）结合，有力地证实了男女在面对伴侣不同形式出轨时的差异化应激反应。David M. Buss, Randy J. Larsen, Drew Westen, and Jennifer Semmelroth, “Sex differences in jealousy: Evolution, physiology, and psychology,” *Psychological Science* 3, no. 4 (1992): 251-255.

解释了为何在早期跨文化的法律与道德准则中，针对女性不忠的惩罚往往极其严厉——这些古典制度的底层，很大程度上是男性为了确保亲子确定性而延伸出的社会防御机制。[48]

相比之下，女性面临的演化难题截然不同。由于母亲身份绝对确定，女性无需半夜惊醒，怀疑孩子是否亲生。她在生殖博弈中面临的真正威胁，是生存资源的断裂。在危险的孕期和极其消耗体力的哺乳期，女性行动能力受限，极度依赖伴侣提供的食物与物理保护。如果伴侣在外面与他人发生了短暂的性关系，但依然将猎物带回山洞，继续忠诚地保护她和孩子，这虽然令人不悦，但在生死攸关的演化尺度上，并不构成直接的灭顶之灾。然而，如果伴侣不仅发生了肉体关系，还深深爱上了另一个女人——产生了强烈的浪漫吸引与依恋——这才是真正的噩梦。因为情感的彻底转移，必然预示着生存资源的彻底转移。那个男人不仅会带走注意力，还会将珍贵的肉类、驱赶猛兽的能力以及未来几年的时间承诺，全部倾注到另一个女人的后代身上。这种资源的抽离，在更新世往往直接意味着现有子嗣的死亡。因此，女性的嫉妒雷达被精密地调校为对“情感不忠”高度敏感。相比于伴侣短暂的肉体偏离，一旦嗅到伴侣与另一个女人分享内心世界、投入时间建立精神羁绊的危险气息，女性的防御系统就会立刻轰然启动，不顾一切地阻断这种可能导致资源枯竭的流失。[49]

在这个由睾酮、多巴胺和催产素交织而成的复杂化学网络中，嫉妒就是那根维系着脆弱平衡的警戒线。我们的大脑并不是为了在现代单配偶制社会中做个心如止水的圣人而设计的。它是一个危险的矛盾体：随时可能因为多巴胺的衰退而转移注意力，又因为对背叛的深层恐惧而互相钳制与监视。我们在情欲驱使下不知疲倦地渴望新鲜感，在浪漫滤镜中疯狂寻找唯一伴侣，在依恋系统作用下祈求长相厮守，最后又在嫉妒的鞭策下，痛苦而狂热地捍卫自己的领地。

在漫长的狩猎采集时代，这种复杂且常常自相矛盾的化学共谋系统，虽然充满张力，但依然在一个相对平等的社会结构中运转。更新世的广袤荒野

---

[48] 马丁·戴利和马戈·威尔逊的研究指出，“父权不确定性”是塑造男性极其敏感的性嫉妒防御系统的核心演化动力，这种心理机制常常表现为对伴侣的强烈占有欲。Martin Daly, Margo Wilson, and Suzanne J. Weghorst, “Male sexual jealousy,” *Ethology and Sociobiology* 3, no. 1 (1982): 11-27.

[49] 在演化博弈中，女性最大的生存威胁并非配偶的单次肉体出轨，而是其长期情感转移所带来的资源彻底撤离（Resource Diversion），这塑造了女性对“情感不忠”的高度警惕。David M. Buss, *The Evolution of Desire: Strategies of Human Mating* (New York: Basic Books, 1994), 125-130.

与随时聚散的游群生活方式，为“连续单配偶制”与“暗藏的多伴侣倾向”的共存留下了巨大的缓冲空间。那时，没有人拥有垄断他人的巨额财富，也没有强制性的国家机器要求人类彻底违背其生物学本能。

然而，这种基于游群的弹性情感生态即将迎来一场灭顶之灾。随着人类无意间将几粒种子埋入泥土，一种名为“农业”的全新生存方式在地球上轰然崛起。在那一刻之后，人类的饮食结构被颠覆，疾病种类被重塑，但最深刻且残酷的改变，发生在我们如何处理情欲与亲密关系上。伴随着私有制、阶级分化与土地继承权的诞生，为了确保财富能准确无误地传递给亲生后代，原本游荡在旷野上、受化学物质主导的男女关系，被强行套入了“严格单配偶制”与“贞操观念”的制度枷锁。大脑中那套远古的化学系统，即将在农耕文明严密的社会结构下，面临前所未有的适应性挑战与深层撕裂。

第四章 农业牢笼：私有制与规训的爱欲

第一节 平权终结：生殖基尼系数飙升

当现代人凝视着博物馆里距今一万年前的粗糙石镰，或是驱车驶过一望无际的金色麦田时，一种文明的自豪感往往油然而生。在基础教育中，农业革命被普遍描绘为人类脱离野蛮的最伟大破晓。

教科书里的标准叙事宣称，是小麦和水稻将人类从颠沛流离的狩猎采集生活中拯救了出来。因为有了农业，人类得以定居、繁衍，积累了充足的食物，从而能够供养祭司、工匠和国王，最终建造出宏伟的城市、金字塔和星际飞船。

然而，一旦褪去文明史观的进步主义光环，透过进化生物学和古病理学的视角重新审视这段历史，看到的却是一幅截然不同的残酷图景。化石证据无情地表明，早期的农民实际上比狩猎采集者更矮小、营养更不良，并且饱受龋齿、贫血和严重脊椎疾病的折磨。[50]

但骨骼学上的衰退，仅仅是这场农业剧变惨痛代价的表层显现。

[50] 演化生物学家贾雷德·戴蒙德（Jared Diamond）曾将农业的采用称为“人类历史上最糟糕的错误”。生物人类学家克拉克·斯宾塞·拉森（Clark Spencer Larsen）通过大规模的古病理学研究证实了这一点，早期农民的骨骼证据显示出比狩猎采集者更频繁的营养不良、感染和身体退化。Jared Diamond, “The Worst Mistake in the History of the Human Race,” *Discover*, May 1987; Clark Spencer Larsen, *Bioarchaeology: Interpreting Behavior from the Human Skeleton* (Cambridge: Cambridge University Press, 2015), 180-210.

如果聚焦于人类的爱欲、亲密关系以及两性权力的动态平衡，农业革命根本不是伟大的解放，而是人类历史上最隐蔽、最牢固的枷锁。它终结了人类在几十万年里演化出的相对平权的择偶市场，开启了一场基因层面的资源垄断与深远的性别权力失衡。

将目光投向那个升腾着篝火的史前营地，更能看清这场巨变的本质。

在漫长的更新世，人类祖先的经济模式可以被概括为一种强制性的“即时消费”与“高频共享”。一个幸运且强壮的猎人如果猎杀了一头巨大的野牛，他绝不可能把这成吨的鲜肉据为己有。在没有防腐技术的原始荒野中，肉类很快就会腐败变质。对于这个猎人来说，唯一的“储存”方式，就是把肉分给部落里的所有人。

他不是在做慈善。

他是在通过慷慨的分享，将多余的蛋白质转化为无形的“人情债”和“社会声望”，储存在其他成员的大脑中。

这种由食物易腐性决定的共享经济，无形中维持着一种极其有效的平等。在部落里，囤积资源不仅是不可能的，甚至是一种会招致杀身之祸的反社会行为。没有哪一个男性可以囤积足够多的硬通货，去长期控制其他人的生存命脉。

史前时代的择偶市场相对扁平且自由。女性的伴侣选择，主要由男性的基因质量、个人魅力，以及多巴胺和催产素驱动的原始浪漫系统所主导。

因为没有任何人能够垄断生存资料，实施强制性的身体购买。

大约一万年前的新月沃地，几粒微小的种子彻底改写了这套古老的游戏规则。

人类发现了谷物。与猛犸象的鲜肉截然不同，小麦、大麦和水稻具有一个颠覆性的物理属性：它们可以被晒干、长期储存，且能被无限量地囤积与独占。

粮仓的发明，对人类社会结构的冲击不亚于一场生态大灭绝。

它在人类历史上第一次创造了真正意义上的剩余财富，并催生了一个具有彻底颠覆性的新概念——私有制。土地不再是共同狩猎的旷野，而是被篱笆圈起来的私产；粮食不再是共享的馈赠，而是锁在陶罐里的硬通货。一旦生存资源可以被无限量地囤积，人与人之间的权力天平瞬间发生了不可逆转的倾斜。

很快，那些掌握了肥沃土地和大量粮食的少数男性发现，囤积谷物只是第一步，这种农业财富很快被用来变现为另一种更为稀缺的核心资源：女性的生殖能力。在这场从共享到独占的经济跃迁中，史前时代脆弱的伴侣选择平权被彻底粉碎了。

这并非人类学家的悲观推测。现代基因组学提供了一份冰冷而无可辩驳的证据。科学家在追踪人类 DNA 突变频率时，发现了一桩堪称基因级别的历史惨案——学术界称之为“新石器时代 Y 染色体瓶颈”。

线粒体 DNA 只由母亲传给后代，而 Y 染色体只由父亲传给儿子。当对比这两条遗传路径时，一个极其惊悚的现象浮出水面：在大约七千年到五千年前，也就是全球农业文明成型、社会阶层剧烈分化的关键时期，女性的基因多样性在平稳增长，但男性的 Y 染色体多样性却突然坠入了一个极度狭窄的深渊。

这个瓶颈深得令人不寒而栗。

计算得出的有效繁殖性别比例达到了惊人的程度：在当时的地球上，每十七个成功留下后代的女性，仅仅对应着一个成功留下后代的男性。[51]

一比十七。

这意味着在早期农业社会中，绝大多数的底层男性被彻底从基因池中抹除了。他们在田地里流过汗，在氏族冲突中流过血。但他们没有留下任何子嗣。

他们的 Y 染色体，在历史的长河中被永远斩断了。

如果是突发的全球性瘟疫或饥荒，它应该无差别地杀死所有人，两条遗传路径会同时出现瓶颈。但这场基因灭绝具有极强的性别针对性，只针对男性。唯一的解释是，这是一场由社会结构剧变引发的系统性大清洗。

---

[51] 这一现象被称为“新石器时代 Y 染色体瓶颈”。2015 年发表于《基因组研究》的一项针对全球数百个 Y 染色体序列的分析首次揭示了这一极端的有效繁殖性别比例。随后，斯坦福大学的田辰曾（Tian Chen Zeng）等人的研究进一步指出，父系氏族的残酷竞争是导致大量男性谱系灭绝的主要原因。Monika Karmin et al., “A recent bottleneck of Y chromosome diversity coincides with a global change in culture,” *Genome Research* 25, no. 4 (2015): 459-466; Tian Chen Zeng, Alan J. Aw, and Marcus W. Feldman, “Cultural hitchhiking and competition between patrilineal kin groups explain the neolithic Y-chromosome bottleneck,” *Nature Communications* 9, no. 1 (2018): 2077.

财富分化导致生殖基尼系数直线上升。在漫长的演化史中，人类第一次见证了如此极端的赢家通吃局面：极少数掌握土地和粮食的首领，利用经济特权和武力，垄断了海量的女性伴侣。他们除了在部落内部疯狂霸占配偶，还通过残酷的氏族战争向外掠夺。战败方的男性通常被屠杀殆尽，而女性则作为战利品被收入囊中。

那个唯一的赢家像囤积小麦一样疯狂囤积配偶。

而剩下的十六个没有土地的底层男性，则被完全剥夺了繁衍的机会，成为了这场基因游戏的终极输家。

这正是父权制最核心的经济学起源。财富的积累开启了人类历史上系统性的阶层分化与剥削。

在狩猎采集时代，女性是平等的食物采集者，她们提供的热量经常超过男性猎人，经济独立保障了她们在择偶中的绝对话语权。但在农业社会，情况急转直下。随着重型农具的引入，犁耕农业需要极大的上肢力量，女性逐渐被排除在核心生产力之外。[52]

而农业经济的本质是规模扩张，土地需要源源不断的廉价劳动力。在这一残酷逻辑下，女性从平等的生存伙伴，迅速被降格为生育劳动力的生物机器。失去了经济独立，她们只能被迫依附于掌握土地的男性。

然而，残酷的权力重组并没有让那些身处顶层的赢家高枕无忧。

当一个首领囤积了漫山遍野的牛羊，并拥有了众多配偶之后，一种前所未有的深层焦虑开始啃噬他的内心。在史前篝火旁，当人一无所有时，没有人会在乎谁来继承这“一无所有”，母系血统的确认已经足够维系纽带。

但在农业社会，当拥有了必须跨代传递的庞大财产时，情况变了。“这是不是我的亲生骨肉”，不再是一个简单的生物学疑问，而是关乎家族命脉的核心经济问题。

为了确保财产绝对不会落入其他男人的基因载体手中，这些早期财产所

[52] 这就是著名的“犁耕假说”（Plough Hypothesis）。经济学家埃斯特·博塞鲁普（Ester Boserup）率先提出，重型犁的引入使得农业劳动高度依赖上肢力量，从而剥夺了女性在核心生产中的地位。2013 年，《经济学季刊》的一项大规模实证研究证明，这种远古的技术分工直接塑造了当今世界上那些性别极度不平等的文化规范。Ester Boserup, *Women' s Role in Economic Development* (New York: St. Martin' s Press, 1970); Alberto Alesina, Paola Giuliano, and Nathan Nunn, "On the Origins of Gender Roles: Women and the Plough," *The Quarterly Journal of Economics* 128, no. 2 (2013): 469-530.

有者必须想出一种方法，将女性的生育权像土地一样严格私有化。一种旨在约束女性的严密社会制度即将诞生。

第二节 血脉焦虑：父权制与贞操崇拜

如果把人类的繁衍看作一场漫长的投资游戏，那么在农业革命之前，男性的投资风险其实并不算高。

在更新世的丛林和草原上，一个史前猎人把带回来的鹿肉分给部落里的孩子吃，哪怕其中有些孩子并非他亲生，这种“投资失败”的代价也完全可以承受。因为他付出的只是一次短暂的体力劳动和一块很快就会腐烂的肉。更为关键的是，在一个高度共享、几乎没有私有财产的平权社会里，所有的孩子本质上都是整个部落共同的财富。血缘的边界虽然存在，但并没有被刻意强化为一条不可逾越的鸿沟。

然而，当生存的基础从游猎转向定居农业，当一块肥沃的土地、成群的牛羊、满仓的谷物成为可以跨代传递的核心资产时，这场投资游戏的性质发生了根本性的突变。

财产的跨代积累，将那个曾盘旋在原始营地里的生物学幽灵——父权不确定性（Paternity Uncertainty）——从一种轻微的情感疑虑，瞬间放大为了关乎阶级存亡的核心危机。

在没有 DNA 鉴定的年代，把祖传的田产和首领的权杖传给一个携带着竞争者基因的后代，这意味着两场同时降临的毁灭性打击：男性的个人基因在进化史上彻底断绝，家族世代积累的财富也随之落入竞争者之手。这种生物学与经济学的双重灾难，是任何一个早期农耕精英都绝对无法承受的。[53]

这种由私有制彻底引爆的“血脉焦虑”，成为了人类文明史上最强大、最冷酷的驱动力之一。为了彻底抹除这一风险，农业社会的男性精英们必须采取极端措施。他们不再满足于简单地囤积谷物和土地，他们开始系统性地、制度化地控制另一种更为关键的“生产资料”——女性的子宫。

恩格斯在其关于家庭起源的经典论述中，将这一历史转折精准而沉痛地

[53] 进化心理学将“父权不确定性”（Paternity Uncertainty）视为男性性嫉妒和试图控制女性性行为的核心进化驱动力。在大卫·巴斯（David Buss）等学者的研究中，这种不确定性被认为是塑造男权社会婚姻制度和道德规范的底层生物学逻辑。David M. Buss, *Evolutionary Psychology: The New Science of the Mind* (New York: Routledge, 2015), 320-335.

概括为“母权制的被推翻，乃是女性具有世界历史意义的失败”。[54]

这绝非夸张的修辞。在极短的历史时间里（从进化尺度来看），社会文化经历了一次灾难性的倒车。为了确保每一个诞生在农庄里的婴儿都拥有清晰无误的父系血统，早期农业文明不约而同地构建起一套极其严密的系统，专门用来规训女性的性行为。而这套系统的核心概念，叫做“贞操”。

在此之前的几十万年里，人类的词典中大概率不存在这个词。但在农业时代，贞操崇拜如同蔓延的杂草，迅速占领了几乎所有早期文明的道德高地。

贞操，本质上是父权制下的一种产权担保。它要求女性在结婚前必须是处女，以保证男方在接手这台“生育机器”时没有任何“前任残留”的风险；它更要求女性在婚后保持绝对的忠诚，任何轻微的越轨行为都会招致极其严厉、甚至致命的惩罚。在古巴比伦、古希腊、古印度或是中国历代封建王朝的律法中，通奸往往被视为不可饶恕的重罪。这套惩罚机制在绝大多数情况下是高度不对称的——它几乎只针对女性，或者针对侵犯了其他男性“私有财产”（即他妻子的生育权）的底层男性。

为了将这种规训执行到底，父权社会发明了五花八门的物理限制和道德枷锁。从古希腊的妇女内室、中国明清时期的缠足与贞节牌坊，到中东地区严格的深闺制度与面纱遮盖，所有这些令人窒息的文化发明，其底层逻辑惊人地一致：通过限制女性的物理活动范围，切断她们与其他男性接触的任何可能性，从而将“父性不确定性”的概率降至绝对的零。[55]

女性的身体，就这样被剥夺了主体性，彻底沦为父系家族传递财产和基因的工具。

在这个充满规训的系统里，女性成为了被严密看管的私产，而底层男性则往往连触碰这套繁衍系统的资格都没有。

当绝大多数人在严苛的等级与道德规范下艰难求生时，那些站在金字塔

---

54 弗里德里希·恩格斯在《家庭、私有制和国家的起源》中提出了这一著名论断，认为随着财富的增加和向男性的集中，母权制被彻底推翻，女性的社会地位从平等的生产者降格为单配偶制下生育合法继承人的工具。Friedrich Engels, *The Origin of the Family, Private Property and the State* [1884], trans. Alick West (London: Penguin Classics, 2010), chap. 2, sec. 4.

55 跨文化研究表明，对女性贞操的狂热崇拜和极其严苛的物理隔离（如中东的面纱制度、中国明清时期的缠足），几乎无一例外地出现在资源高度集中、父系财产继承至关重要的农业社会中，而在游猎采集社会中极为罕见。Mildred Dickemann, “Paternal Confidence and Dowry Competition: A Biocultural Analysis of Purdah,” in *Natural Selection and Social Behavior: Recent Research and New Theory*, ed. Richard D. Alexander and Donald W. Tinkle (New York: Chiron Press, 1981), 417-438.

最顶端的少数赢家，却正在利用他们无与伦比的权力和财富，将自身的繁衍情欲推向一个令人瞠目结舌的极端。

第三节 赢家通吃：后宫制的基因垄断

当现代人漫步在古巴比伦的遗址，或仰望汉代未央宫的复原图时，最令人震撼的其实并不是威严的王权，而是那些高耸宫墙深处隐藏的生物学奇观。在庞大的农业帝国里，权力的终极形态从来不是成吨的黄金或战无不胜的军队，而是对人类生殖资源的绝对垄断。

随着农业社会从分散的氏族进化为高度集权的早期国家，私有制的规模实现了跨数量级的跃升。当一个男性的私产从几头绵羊扩张为整个国家的疆域和无尽的税收时，他的生殖策略也随之发生了剧烈的畸变。凭借绝对的暴力机器，早期帝国的统治者们将人类男性的交配潜力推向了生物学的绝对极限，创造出了演化史上最令人瞠目结舌的体制——**后宫制度**。

在几十万年的狩猎采集时代，最顶尖的猎手或许能比常人多吸引一两个伴侣，这已是自然状态下的天花板。但在早期的农业帝国，这个数字被放大了一万倍。

从古埃及的法老到印加帝国的萨帕·印卡，从奥斯曼帝国的苏丹到中国历代王朝的帝王，后宫规模往往庞大得令人窒息。人类学家劳拉·贝齐格在系统性考察全球一百多个古代社会后指出，古代君主专制的核心驱动力之一就是实现极端的"差异化繁殖"。换言之，建立早期帝国的最原始动机，就是让处于金字塔尖的赢家最大限度地复制自身的基因。[56]

从生物学的冷酷视角审视，这是一种极度违背人类自然演化规律的现象。

受限于漫长的孕期与哺乳期，人类女性一生最多生育十几个后代。但由于精子的生产成本极低，只要拥有不受限制的交配机会，一个男性的繁衍上限在理论上趋近于无限。后宫制度，正是为了强行兑现这种无限可能。

它本质上是一座巨大的、由高墙和军队层层护卫的基因工厂。

---

[56] 人类学家劳拉·贝齐格（Laura Betzig）在其开创性的著作中指出，古代政治权力的终极演化目的之一，就是使处于统治阶层的男性能够实现最大化的"差异化繁殖"，这也是后宫制度和极端多配偶制在早期帝国普遍存在的生物学底层逻辑。Laura Betzig, *Despotism and Differential Reproduction: A Darwinian View of History* (New York: Aldine de Gruyter, 1986).

在这些宏伟的宫殿里，大自然耗费百万年写就的亲密关系代码被彻底格式化。一个拥有三千佳丽的帝王，不可能也完全不需要与高墙内的任何女性建立真正的情感联结。绝对权力成功劫持了进化设定，用冰冷的制度暴力取代了互相吸引。女性的主体性被抹除，降级为流水线上的生育容器，唯一的价值便是充当顶级掠食者扩张基因的载体。史前时代那个基于双向选择的平权市场，在这里坍缩成了一个黑暗的权力漩涡。

然而，财富与权力向金字塔尖的极度集中，不可避免地将男性对"父性不确定性"的深层恐惧推向了病态的极点。

一个囤积了上万名女性的帝王，面临着人类历史上规模最庞大、最令他神经衰弱的生殖焦虑：如何确保高墙之内诞生的每一个婴儿，都确凿无疑地流淌着皇室的血脉？哪怕一次最微小的疏漏，都意味着庞大帝国的正统血脉被无声地篡夺。

面对这种极端的产权恐慌，农业帝国发明了历史上最残酷、最违背生物学常理的防御机制——**太监制度**。

为了打造一个绝对无菌的生殖隔离区，统治阶级直接从肉体上剥夺了其他男性的繁衍能力。通过残忍的阉割，他们人为制造出一批没有任何基因威胁的劳动力，专门管理这座巨大的基因库。在奥斯曼帝国的托普卡帕宫，或明朝的紫禁城，成百上千的太监穿梭其中，维持着后宫的日常运转。皇帝宁愿摧毁其他男性的生物学完整性，也要建立起一道不可逾越的物理屏障，将"父权不确定性"的概率死死封印在零。[57]

但是，这种极其贪婪的资源独占，必然触发惨烈的社会反噬。

人类的自然出生率始终将男女比例严格锚定在接近一比一的红线。如果一个皇帝、数名藩王和一批大贵族垄断了数以万计的女性，必然意味着在社会的最底层，有成千上万的男性将被永久性地剥夺交配权。他们沦为了这场基因游戏里的"绝对剩余物"。

这绝非简单的道德不公，而是一个随时可能引爆社会的生物学炸弹。

进化心理学揭示了一个冰冷的事实：当大量处于繁衍黄金期的年轻男性被彻底切断了留下后代的希望时，他们的大脑并不会选择平静地接受命运。相

[57] 这种极端物理屏障（如太监、后宫高墙、深闺制度）在进化心理学和人类学中被视为为了消除"父权不确定性"而演化出的终极"伴侣守卫（mate-guarding）"策略。Mildred Dickemann, "Paternal Confidence and Dowry Competition," 417-438.

反，在睾酮的疯狂驱使下，这些一无所有的“剩余男性”会变得极度危险、暴力且充满风险偏好。在自然选择的无情铁律下，一个注定绝后的雄性已经没有任何可失去的筹码。既然常规的劳作无法换来哪怕一个配偶，他们唯一的策略就是孤注一掷，通过暴力颠覆现有的规则，抢夺被垄断的生殖资源。[58]

这就是为何早期的农业帝国总是伴随着极其血腥的内部动荡。

那些底层爆发的暴乱、流寇作乱，甚至残酷的古代扩张战争，其深层燃料除了果腹的饥荒，更隐藏着数以百万计的底层男性在繁衍绝境下发起的生存反扑。当史书记录下古代王朝更迭的壮烈与血腥时，在生物学的透镜下，这其实是一场由失衡的生殖配额所引爆的繁衍内战。底层男性正在用最原始的暴力，对抗精英阶层极度自私的垄断。

极端的后宫制度和多配偶制，虽然在短期内满足了顶级掠食者的基因扩张欲，但它犹如一座岩浆不断积聚的地下火山，底层社会郁结的仇恨和暴力倾向随时可能将整个帝国炸得粉碎。那些建立在沙丘上的早期国家很快用血的教训发现，如果不能解决底层男性的繁衍绝境，任何统治都不可能长久。

为了平息这种足以毁灭整个农业文明的怒火，为了让广大的底层男性重新变得温顺、安心在田间劳作，统治精英们被迫寻找一个折中方案。他们急需发明一种全新的、覆盖全社会的秩序整合机制，来重新分配这些极度稀缺的生殖资源。

第四节 暴力缓冲：强制一夫一妻制

这项覆盖全社会的秩序整合机制，就是现代人习以为常的**强制一夫一妻制**（Socially Imposed Monogamy）。

这是一个极具反直觉的演化转折。如果询问一个现代人为何要实行一夫一妻制，大多数人的第一反应可能是为了保护女性，或是捍卫爱情的纯洁。但

---

58 进化心理学家马丁·戴利（Martin Daly）和玛戈·威尔逊（Margo Wilson）提出了经典的“年轻男性综合症”（Young Male Syndrome），指出当年轻男性在婚姻市场上被彻底排挤、繁衍无望时，他们会表现出极端的暴力倾向和风险偏好。政治学家瓦莱丽·赫德森（Valerie Hudson）则进一步将这一理论应用于宏观安全，指出“光棍”阶层的大规模存在是古代国家内部动荡和战争的核心催化剂。Margo Wilson and Martin Daly, “Competitiveness, Risk Taking, and Violence: The Young Male Syndrome,” *Ethology and Sociobiology* 6, no. 1 (1985): 59-73; Valerie M. Hudson and Andrea M. den Boer, *Bare Branches: The Security Implications of Asia’ s Surplus Male Population* (Cambridge: MIT Press, 2004).

站在进化经济学和宏观历史的高度来看，早期一夫一妻制的诞生，和保护女性或捍卫爱情没有半点关系。

它本质上是一种旨在保护男性、维持父权社会运转的财富二次分配系统。

正如前文所述，放任生殖资源被精英阶层垄断，必然导致底层“单身汉”用暴力将整个社会秩序撕成碎片。但统治者面临的挑战不止于内部维稳。庞大的农业帝国既要维持绝对的稳定，又时刻渴望着向外开疆拓土。帝国需要源源不断的税收来修建运河与宫殿，需要大量招募军队抵御入侵或征服邻国。任何一个理智的帝王，都绝对不敢把武器交到一群因为被剥夺了繁衍希望而满腔怒火、随时可能倒戈的底层男性手里。

为了避免同归于尽的结局，人类文明做出了一个极其务实且精妙的妥协。社会开始通过宗教律法、道德训诫和严格的习俗，强行限制精英阶层的多配偶数量，或者至少在全社会名义上确立一夫一妻的合法框架。

这就像是在一个资源极度集中的古代社会，统治阶层为了防止秩序崩溃，强行出台了针对生殖资源的“配额制”。原本被少数人垄断的女性被法律和道德强制打散，相对均匀地分配给广大的普通男性阶层。

这套制度的维稳效果惊人。当一个普通农民发现，只要辛勤劳作、按时交税，社会就会通过包办婚姻分配给他一个妻子，并通过法律保证她不会轻易逃跑时，他体内的暴力倾向就会迅速下降。他不再是被边缘化的破坏者，而变成了安分的生产者；如果帝国需要，他也会成为愿意为保卫小家庭而战的士兵。

这种社会规范的演化，极大地降低了男性之间的内部竞争损耗。它将男性的精力从互相残杀的争夺战中解放出来，投入到农业生产、商业贸易甚至对外扩张中。这就是为什么在历史上，那些通过宗教或法律强制推行一夫一妻制的文明，往往能够积累起更强大的力量，最终在文明的生存竞争中脱颖而出，甚至向全球扩张。[59]

然而，在这场被反复赞颂的社会稳态构建中，有一个群体付出了极其惨痛的代价。那就是被当作“繁衍资源”进行重新分配的女性。

---

[59] 进化人类学家约瑟夫·亨里奇（Joseph Henrich）等人提出了“规范性一夫一妻制”（Normative Monogamy）的理论。他们指出，通过限制精英男性的多配偶行为，社会极大地降低了由单身男性引发的犯罪率和内部冲突，将男性的精力转移到经济生产和对后代的投资上，从而赋予了这些社会在群体竞争中的巨大优势。Joseph Henrich, Robert Boyd, and Peter J. Richerson, “The puzzle of monogamous marriage,” *Philosophical Transactions of the Royal Society B: Biological Sciences* 367, no. 1589 (2012): 657-669.

在史前几十万年的择偶市场里，女性是拥有绝对选择权的主导者。她们根据男性的健康状况、狩猎能力和个人魅力，自由挑选最优秀的基因载体。但在强制一夫一妻制的牢笼里，这种基于生物学本能的选择权被彻底粉碎了。

为了确保每一个拥有微薄财产的普通男性都能分到妻子，社会必须强行抑制女性的向上择偶本能。如果任由女性自由选择，她们往往更倾向于共同分享一个极优秀的男性，也不愿屈就于平庸之辈。正如进化生态学那句残酷的俗语："做大酋长的第十个妻子，也比做穷光蛋的唯一妻子要好。"[60]

但父权制社会显然不能允许这种自由。一旦女性自由选择，配额制就会崩溃，底层男性将再次陷入动荡。

于是，"父母之命，媒妁之言"取代了年轻人的双向奔赴；宗教开始宣扬顺从是美德、情欲是罪恶。在这套机制的运作下，婚姻变成了一场盲婚哑嫁的闭门交易。哪怕新婚之夜面对的男人性格暴戾，只要男方家族支付了足额的彩礼（购买生育权的对价），女性就必须作为标的物去完成繁衍使命。

人类亲密关系在几千年中经历了一次彻底的"去人性化"。

婚姻的经济属性被无限放大，成了一份冷冰冰的经济合同。大脑中那套指引人类寻找最佳伴侣的化学向导——睾酮点燃的冲动、多巴胺编织的浪漫、催产素带来的依恋——在农业社会的生存法则面前，显得既无用又危险。

在那个年代，爱情绝不是婚姻的必需品。相反，不可控的浪漫激情是对既定社会秩序的严重威胁。如果一对年轻人因互相吸引而私奔，他们直接撕毁了两家的经济联姻，更是在公然挑衅父权社会赖以运转的配额分配法则。这种基于多巴胺的反叛，是对文明基石的挑衅。

因此，从古希腊悲剧到中国封建时代的沉塘传说，试图追求自由恋爱的故事无一例外以惨剧收场。社会通过血腥惩罚向所有人宣告：在农业时代的生存游戏里，个人情感必须无条件让位于家族利益与阶层稳定。

人类的爱欲，就这样被生硬地从婚姻躯壳中剥离，深锁在道德与规训的铁笼里。男权社会似乎建立起了一个牢不可破的稳态。

---

60 这在进化生态学中被称为"多配偶制阈值模型"（Polygyny Threshold Model）。该模型最早由生态学家戈登·奥莱恩斯（Gordon Orians）提出，指出当雄性之间控制的资源差异足够大时，雌性成为富裕雄性的次级配偶（甚至第十个妻子），其获得的生存资源和繁殖收益，也会高于成为贫穷雄性的唯一妻子。Gordon H. Orians, "On the evolution of mating systems in birds and mammals," *The American Naturalist* 103, no. 934 (1969): 589-603.

但进化的大脑并未停止运转。人类深处极度渴望浪漫与激情的原始系统从未死去，它只是在漫长的压抑中积蓄力量，等待着历史的缝隙。当欧洲中世纪封建领主的城堡里开始响起吟游诗人的竖琴声时，那朵被压抑了千年的爱欲之花，即将以一种前所未有的狂热姿态，在沉寂的废墟上轰然绽放。

第五章 浪漫诞生：骑士与个体的觉醒

第一节 契约与繁衍：无爱婚姻的基底

如果我们步入今日最常见的现代婚礼现场，会看到这样一幕：在亲友的注视下，两位新人立于圣坛前，伴着优美的音乐眼含热泪地宣誓，承诺无论疾病还是健康，都将永远爱着对方。在这场神圣的仪式中，“因为爱情而结合”被视为天经地义的绝对前提。我们往往在潜意识中认定，若没有强烈的多巴胺分泌作为基础，没有那种被称为“灵魂伴侣”的宿命感，步入婚姻简直是不可理喻的。

甚至是对自我价值的背叛。

但如果将古希腊的城邦哲学家、中世纪的封建领主、古印度的婆罗门祭司，或是中国古代的宗族大家长请到这场现代婚礼中，他们绝不会被眼前的浪漫誓言打动。相反，这种场景只会令他们瞠目结舌，乃至深感恐惧。

在他们眼中，基于爱情建立婚姻根本不是值得歌颂的美好理想。那是一种极其危险的社会性精神错乱，是一场足以摧毁家族根基、引发动荡的疯狂叛乱。

残酷的农业生态为这种认知鸿沟提供了底层逻辑。当人类祖先放下长矛与采集篮，在土地上定居并确立私有制之后，生存的游戏规则被彻底重写。在这个与土地死死绑定的全新生态系统中，家庭不再是提供情感慰藉的避风港。

它成了一个必须冷酷运转的经济实体与生存共同体。

农耕者必须拥有足够多的强壮劳动力来日复一日地翻耕土地；必须通过错综复杂的联姻来抵御外敌劫掠；更必须确保有确切的、血统纯正的继承人，来接管数代人血汗换来的田产与羊群。在这样一场关乎整个宗族生死的“企业兼并”中，将最关键的决策权直接交给大脑边缘系统那极不稳定、忽高忽低的多巴胺分泌，无异于进化层面上的集体自杀。

这就触及了一个深刻的生物学悖论。人类大脑中的“浪漫”系统——那个在漫长的狩猎采集时代演化出，旨在让男女双方保持足够长的迷恋期以共同抚育婴儿度过危险阶段的神经化学机制——本质上是极度短视、排他且盲目的。[61]

这场由多巴胺和去甲肾上腺素驱动的化学风暴，只关注眼前的交配冲动。它根本不在乎农作物的轮作周期，不在乎女方带来的嫁妆有多丰厚，更不在乎两个敌对部落之间是否急需一场联姻来维持脆弱的和平。

从农业社会的宏观视角看，浪漫之爱如同一个横冲直撞的破坏分子。一次随意的眼神交汇，或一场月光下的幽会，随时可能轻易摧毁长辈精心筹划数年之久的资源整合计划。因此，进入农业社会后的漫长岁月里，几乎所有复杂的人类文明都不约而同地开展了一项浩大的跨文化工程：对人类自身的生物学本能进行系统性的制度压抑。

为了确保财产顺利传承，婚姻必须披上一层厚厚的制度装甲，与爱情严密隔绝。

历史学家斯蒂芬妮·孔茨在关于婚姻史的研究中指出，在绝大多数有文字记载的历史中，婚姻的本质被直白地定义为一种经济工具和政治契约。获得一个能带来实质利益的姻亲网络，远比获得一个灵魂伴侣重要得多。[62]

这种冷酷逻辑贯穿了社会的每一阶层。在欧洲宫廷，公主如同高价值的主权货币般被交易，她们的子宫被视作维系版图与签订和平条约的筹码。在平民阶层，村落婚姻谈判的核心议题永远围绕着女方陪嫁几头猪、几亩地，或

[61] 海伦·费舍尔在其爱情神经学研究中提出，人类大脑演化出了三个截然不同但相互作用的系统：情欲（Lust）、浪漫吸引（Romantic attraction）与依恋（Attachment），其中浪漫吸引系统专门用于在繁衍的初始阶段锁定特定伴侣。Helen Fisher, *Why We Love: The Nature and Chemistry of Romantic Love* (New York: Henry Holt and Company, 2004), 52.

[62] 斯蒂芬妮·孔茨在《婚姻的历史》中详细梳理了人类婚姻制度的演变，指出爱情作为婚姻基础是极晚近的历史现象。Stephanie Coontz, *Marriage, a History: How Love Conquered Marriage* (New York: Viking, 2005).

男方能提供几个下地干活的健壮男丁。在这个严密的生存计算公式中，个体的性吸引力与情感波动被无情归零。与宗族的结构性稳定相比，个人的喜怒哀乐微不足道。

由于爱情那种不可控的反叛破坏力，许多古代文化甚至在医学和神学层面上将其视为一种需要被严格警惕和治疗的病理现象。

在古希腊人的世界观里，“厄洛斯”（Eros）这种激情之爱绝非神明恩赐，而是反复无常的众神降下的灾祸。它能让人失去理智、抛弃家庭责任，甚至引发毁灭性战争——特洛伊战争的惨烈悲剧就是放纵浪漫之爱的终极警示。中世纪欧洲甚至将“相思病”作为真实的医学诊断，认定这是一种由体液失调引起的忧郁症。[63]

早期基督教神学家同样对激情保持高度戒备。他们严厉警告世人，即使在合法夫妻之间，过度炽热的肉体爱恋也是罪过，因为它会将人的注意力从信仰上转移。在这个漫长时代，大脑的三个系统被强行割裂：人们被期望在婚姻中履行“依恋”和繁衍义务；“情欲”如果无法抑制，则被默许在婚姻之外的极少数灰色地带寻找出口；至于“浪漫之爱”，则被视为不应存在的幻觉。如果伴侣在漫长艰辛的共同生活中，能够产生类似亲情的温和爱意，那只是一种极其幸运的额外奖赏。[64]

但它绝对没有资格，也绝不被允许成为缔结婚姻的前提条件。

在古代中国，“父母之命，媒妁之言”的礼教系统更是将婚姻决策权完全从当事人手中剥离。对于传统家族而言，娶妻的首要目的是“上以事宗庙，下以继后世”。这是一种神圣的家族义务，绝非个人感情寄托。那些关于浪漫与灵魂契合的生物学渴望，通常只能在正妻之外的妾室，或是青楼楚馆等特殊社会空间中找到隐秘出口。正妻代表着坚不可摧的制度与秩序，她的角色是管理者与生育者。[65]

---

63 在古代医学和哲学体系中，强烈的浪漫情感常常被诊断为一种由体液失衡引发的疾病，而非值得追求的理想状态。Frank Tallis, *Love Sick: Love as a Mental Illness* (New York: Thunder's Mouth Press, 2005).

64 早期基督教教父圣哲罗姆（St. Jerome）曾在其著作中极度推崇禁欲，并留下著名论断：“过于热烈地爱自己妻子的男人，无异于通奸犯。”这种观念深刻影响了中世纪对婚姻与情欲的切割。St. Jerome, *Against Jovinianus* [393], trans. W. H. Fremantle (New York: Christian Literature Publishing Co., 1893), Book 1, sec. 49.

65 《礼记·昏义》中明确定义了中国古代婚姻的政治与宗族功能：“昏礼者，将合二姓之好，上以事宗庙，而下以继后世也，故君子重之。”这里完全排除了个人情感因素。孙希旦，《礼记集解》（北京：中华书局，1989），第 44 篇“昏义”。

而爱情，则意味着动荡、逾矩与潜在的家族危机。

要求一段基于爱情的婚姻，无异于公然将盲目的“自我”凌驾于宗族的集体生存之上。在抵御风险能力极弱的时代，这是一种致命的极端个人主义，它直接挑战了长辈的生存智慧以及财产延续的根本逻辑。因此，无论是西方的神学教义还是东方的宗法礼教，这套农业时代的文化软件都有着同一个核心任务：死死压制住人类那套古老的生物学硬件。

通过严格控制择偶权，并对任何试图在制度之外追逐多巴胺的人施以最严厉的惩罚（如名誉扫地、逐出宗族甚至残酷的私刑），古代社会强行维持了财产边界的清晰。

整整几千年来，这种极度务实、被彻底抽干了浪漫元素的契约制度，构成了人类文明不可动摇的地基。它以近乎冷酷的高效规训了多巴胺的波动，保证了种群在农业时代的繁衍和扩张。

不过，人类深层的生物学本能并不会因为严苛的社会制度而凭空消失。

那股躁动不安的浪漫化学物质只是被深深压抑在地下，隐秘地沸腾、积聚，如同随时可能喷发的休眠火山。它静静地等待着十二世纪欧洲大陆上的一场文化微澜，由游吟诗人和骑士们去点燃一场将彻底颠覆“爱情”定义、重塑人类精神世界的文化突变。

第二节 贵族异端：骑士与多巴胺的飞地

想象一下十二世纪法国南部普罗旺斯的一座封建城堡。在铺着干草的宽敞大厅里，火光摇曳，一位年轻而没有领地的骑士正抱着鲁特琴，对着领主的妻子高唱一首缠绵悱恻的诗歌。他公然宣称自己是女主人爱情的俘虏，愿为她赴汤蹈火，甚至因无法得到她的回应而日渐憔悴。

如果在之前的任何一个农业时代——无论是古罗马的元老院、古代中国的宗祠，还是早期中世纪的庄园——这种公然觊觎领主配偶的行为，最轻的惩罚也是被当场斩首。

奇怪的是，在这座十二世纪的城堡里，领主不仅没有拔剑，反而坐在主座上，端着葡萄酒杯，与众人一起为这首美妙的诗歌鼓掌喝彩。

这是一种极其诡异的历史图景。

它标志着人类情感演化史上一次惊天动地的突变：所谓“浪漫之爱”（Romance），作为一种被明确定义的、值得歌颂的独立文化概念，正式诞生了。历史学家将其称为“典雅爱情”或“宫廷之爱”（Amour Courtois）。这场由游吟诗人在法国阿基坦和普罗旺斯地区掀起的运动，看似只是一场贵族阶层的文学游戏，但从进化生物学的角度来看，它其实是大脑神经化学系统在遭遇漫长且极端的社会制度压抑后，一次极其猛烈的绝地反击。

严格的农业婚姻契约极其高效地解决了财产继承和宗族繁衍的问题。但它留下了一个致命的漏洞。

人类那套由多巴胺和去甲肾上腺素驱动的“浪漫吸引”系统，被彻底悬空了。

人类可以依靠理智、法律和暴力强行将伴侣关系与经济利益绑定，但没有任何一种制度能够直接关闭大脑边缘系统里的神经元活动。当世世代代的人类突然被困在毫无感情波动的包办婚姻中，被迫面对几十年的枯燥劳作与生育义务时，那股古老而强大的生物学本能并没有消失。

它就像是高压锅里不断沸腾的蒸汽。如果没有一个合适的排气阀，这种被极度压抑的能量最终会以极其破坏性的方式爆发，甚至摧毁整个封建财产体系。

宫廷之爱，恰恰就是这个应运而生的文化排气阀。

在阿基坦的埃莉诺（Eleanor of Aquitaine）等极具权势的贵族女性的赞助和推波助澜下，游吟诗人们开始在欧洲各地的宫廷中传唱一种全新的异端邪说。相传，埃莉诺和她的女儿香槟伯爵夫人玛丽甚至在宫廷里设立了“爱情法庭”，像审判法律案件一样，煞有介事地裁决贵族男女之间的情感纠纷。[66]

在这些判例和游吟诗人的传唱中，一个最具颠覆性的游戏规则被确立了下来：真正的爱情，绝对不可能存在于婚姻之内。

这在今天看来似乎不可理喻，但在当时的生态位下却有着完美的逻辑自洽。婚姻代表着义务、繁衍、财产交接和枯燥的日常算计，这属于“依恋”系统（催产素）的管辖范围。而爱情，必须是纯粹的、充满激情的、不掺杂任何

66 中世纪神职人员安德烈亚斯·卡佩拉努斯（Andreas Capellanus）在其著作《爱情法则》中详细记录了这些“爱情法庭”的审判规则，并确立了“婚姻不是拒绝爱情的理由”这一核心原则。Andreas Capellanus, *The Art of Courtly Love* [1185], trans. John Jay Parry (New York: Columbia University Press, 1990), bk. 1.

世俗利益的。

因此，骑士的倾慕对象永远是那些高高在上、已经结了婚的贵族领主夫人。

瑞士思想家德尼·德·鲁日蒙（Denis de Rougemont）指出，这种起源于法国南部的激情之爱（Eros），本质上是对注重务实与繁衍的传统基督教婚姻（Agape）的结构性挑战。它具有强烈的颠覆色彩，因为它赞美的不是现实生活，而是那种足以冲破世俗秩序的致命激情。[67]

最能体现这种底层逻辑的，是中世纪流传最广的《特里斯坦与伊索尔德》。在故事里，主人公喝下魔药后，陷入了无法自拔的疯狂迷恋。他们明知这种不伦之恋会毁灭王国、带来死亡，却依然飞蛾扑火。这引出了一个反直觉的疑问：为什么人类会觉得这种充满阻碍、注定走向毁灭的悲剧如此“浪漫”？

答案隐藏在大脑的奖励回路中。

这种人为设置的巨大社会障碍（对方已婚、阶级悬殊、道德禁忌），恰恰是这套系统能够高速运转的生物学密码。大脑中的多巴胺并不是一种单纯代表“快乐”的物质，它本质上是一种“渴望”分子。当目标唾手可得时，多巴胺分泌会迅速回落；只有在充满阻碍、不确定性极高，以及面临巨大风险的情况下，多巴胺的分泌才会达到极其狂暴的峰值。[68]

骑士们在诗歌中歌颂的那种因爱而死、绝望痛苦的煎熬，本质上就是高浓度多巴胺在遭遇现实阻力时产生的强烈生理戒断反应。一旦这对有情人真的跨越重重阻碍结为夫妻，并在城堡里过上生儿育女的平淡生活，多巴胺的狂欢就会戛然而止。因此，宫廷之爱的核心精髓就在于“求而不得”。

它必须保持在未竟的渴望之中，才能维持其浪漫的生命力。

通过将爱情与婚姻彻底切割，十二世纪的欧洲人无意间完成了一次极其精妙的社会学黑客行动。在这个“隐秘飞地”里，封建制度的权力结构被完全倒置。在现实的法律契约中，女性往往被视为依附于男性、负责生育的合法

[67] 德尼·德·鲁日蒙在研究中详细追溯了西方浪漫激情的根源，他认为宫廷之爱深受中世纪清洁派（Cathar）异端信仰的影响，是对正统基督教关于尘世婚姻教义的彻底颠覆。Denis de Rougemont, *Love in the Western World*, trans. Montgomery Belgion (New York: Pantheon Books, 1956).

[68] 神经生物学家罗伯特·萨波斯基指出，多巴胺分泌的峰值并不出现在获得奖励的瞬间，而是出现在对奖励的“预期”阶段。当获得奖励的概率在 50% 左右时，由于不确定性和阻力最高，大脑释放的多巴胺最为剧烈。Robert Sapolsky, *Behave: The Biology of Humans at Our Best and Worst* (New York: Penguin Press, 2017).

财产；但在宫廷之爱的语境里，那位已婚的贵族女性变成了高高在上的神明，而强悍好斗的骑士则心甘情愿地成为了她感情上的“封臣”。

这种心理倒错极大释放了被压抑的个体情感需求，同时在宏观层面上维持了社会的绝对稳定。它巧妙地将封建骑士阶层那过剩的破坏性荷尔蒙，驯化成了对领主夫人的狂热效忠与骑士比武场上的竞技精神。

更重要的是，这种制度完美地保护了农业社会的根基。宫廷之爱在最理想的设定下，严禁跨越实质的肉体界限。只要骑士的情欲被牢牢封锁在精神幻想之中，只要领主的血脉传承不被实质性混淆，这种高强度的浪漫游戏不仅被社会容忍，甚至被视为一种骑士精神的崇高体现。

人类第一次发现，大脑中那股原本被视为精神错乱的疯狂本能，一旦被包装上高贵牺牲的精美外衣，居然能产生如此迷人的美感。将多巴胺的狂热归于情人，将财产的继承归于配偶——这种精巧的双轨制平衡，似乎完美解决了人类进化史上的情感困境。

如果历史仅仅停留在中世纪的城堡里，这种将多巴胺与财产传承分而治之的“贵族异端”，或许只会成为人类学长河中一朵奇异的浪花。但历史的走向总是充满了偶然的剧变。一项即将在日耳曼地区诞生的全新技术，正准备将这种原本只属于极少数贵族的大脑黑客技术，打包成极其廉价、极易感染的标准化载体，向着整个人类社会的平民阶层发起一场史无前例的心理学大流行。

第三节 浪漫模因：印刷术重写心理图谱

1450 年前后，在德国美因茨的一间昏暗作坊里，金匠约翰内斯·古腾堡用力压下了一台木制印刷机的杠杆。伴随着沉闷的机械撞击声，沾满油墨的金属活字在一张白纸上留下了清晰的印迹。

在正统的历史叙事中，这个瞬间被颂扬为知识平民化、科学启蒙以及宗教改革的伟大开端。但如果我们戴上进化心理学与认知科学的透镜，重新审视这台涂满黑色油墨的笨重机器，就会发现一个更为隐秘、也更具颠覆性的真相。

古腾堡按下的，实际上是人类大脑历史上一场极其猛烈的“软件更新”回车键。这台机器无意中释放了一种专门针对大脑边缘系统、极具传染性的文化病毒——浪漫模因。[69]

在印刷术诞生之前的漫长岁月里，尽管“宫廷之爱”的异端邪说已经在法国南部的城堡里沸腾了数百年，但它始终被牢牢封锁在极其狭窄的贵族圈层内。对于绝大多数在泥泞农田中劳作的平民来说，生活依然是极其残酷的生存公式。他们的婚姻依然严格取决于村庄长老的意志、父母的算计和陪嫁的牲畜数量。那些关于骑士为爱赴死、贵妇暗送秋波的华丽诗篇，全都需要依靠游吟诗人面对面的口耳相传。

这种昂贵、低效且主要依赖公共集会的信息传播方式，就像是一道天然的物理隔离墙，将危险的“多巴胺游戏”限制在了极少数不用下地干活的特权阶级群体中。在以听觉为主导的口传社会里，故事的讲述往往在村落广场或领主大厅进行，长辈和权威在场，这意味着文化消费本身就是受到集体监视和道德审查的。

直到机械印刷术粗暴地砸碎了这道隔离墙，并从根本上改变了信息的摄入方式。

随着造纸成本的下降和活字印刷在欧洲的迅速蔓延，书籍不再是需要僧侣耗费数年时间在羊皮纸上抄写的昂贵奢侈品。随之普及的绝不只有《圣经》，大量骑士文学、浪漫传奇以及粗糙廉价的情爱小册子也迎来了爆炸式的增长。这些廉价的印刷品跟随着商船和马车，顺着新兴的贸易路线，如水银泻地般渗透进了迅速崛起的城市与市民阶层。

这是一个极其关键的临界点：浪漫之爱，终于从贵族的专属游戏，变成了大众消费品。

更深层的影响在于，印刷术催生了一种前所未有的行为模式——私密阅读。当一个识字的平民独自待在房间里，借着烛光翻开一本小说时，他实际上切断了与周围宗族环境的物理联系。在这个完全封闭、只属于个人的想象空间里，没有族长的训斥，没有媒妁的干预，个体第一次从封建宗法的集体约束中被剥离出来，开始在精神世界上进行不受外部干预的情感探索。这为个人主义的觉醒提供了最肥沃的土壤。

---

69 历史学家伊丽莎白·爱森斯坦在其经典著作中详细论述了印刷术作为“变革动因”的巨大威力，它不仅推动了科学与宗教的变革，更从根本上改变了大众的心理预期与文化消费模式。Elizabeth L. Eisenstein, *The Printing Press as an Agent of Change: Communications and Cultural Transformations in Early-Modern Europe* (Cambridge: Cambridge University Press, 1979).

当我们沉浸在一本引人入胜的爱情传奇中时，大脑并没有能力去清晰地区分虚构与现实。神经科学家发现，阅读那些充满激情、背叛、渴望与重逢的文字，同样能够精准地刺激我们大脑腹侧被盖区（VTA）的神经元，引发多巴胺的剧烈释放。行为生物学中有一个著名概念叫“超常刺激”（Supernormal Stimulus）——就像现代人无法抗拒经过人工提纯的高糖高脂垃圾食品一样，印刷机量产的浪漫小说，就是针对人类社会性大脑的一种情绪“超常刺激”。[70]

现实生活中的包办婚姻充满了猪粪的味道、无穷无尽的家务和生儿育女的苦役；而小说里的爱情则剔除了所有琐碎的现实杂质，只保留了最纯粹的悸动、最高浓度的多巴胺峰值。印刷术实际上为平民阶层提供了一台极为廉价却极为强效的“多巴胺模拟器”。

更重要的是，这些印刷品为大众提供了一套前所未有的“情感词汇表”。在过去，即使一个农夫在春天的集市上对某个女孩产生了生物学上的冲动与好感，他也缺乏足够的语言去将其升华为一种具有宇宙意义的“宿命”。但现在，书籍教会了大众如何去“感受”爱。它们赋予了单纯的性吸引力以崇高的意义，将多巴胺的波动包装成了“灵魂伴侣”的相遇。人们开始用小说中的修辞来解读自己的生理反应，大脑的软件系统被这些华丽的词汇彻底重写了。

这种超常刺激甚至在十七世纪初引发了一场跨越国界的“文化成瘾”。塞万提斯在《堂吉诃德》中辛辣地讽刺了这种现象：一个乡间绅士因为阅读了太多印刷粗劣的骑士小说，最终大脑神经回路彻底错乱，将现实中的客栈当成城堡，将粗鄙的村妇幻想成高贵的公主。这绝非一出单纯的喜剧，它是一个深刻的隐喻——人类的大脑极易沦为高密度浪漫叙事的俘虏。[71]

这种劫持对女性心理的重塑尤为深远。在传统的农业婚姻市场中，女性往往被视为被动交易的资产。但当书籍普及后，被深锁在闺房中的女性读者找到了精神上的逃生通道。通过阅读，她们得以在脑海中经历那些在现实中被严厉禁止的自由恋爱。她们在文字构建的虚拟世界中拥有了挑选伴侣的“代理权”，体验着激情与自主。这种精神上的启蒙，悄然拉高了大众对亲密关系

---

[70] 进化心理学中的“超常刺激”概念最初由诺贝尔奖得主尼科·廷伯根提出，哈佛大学心理学家迪尔德丽·巴雷特进一步将其扩展至人类社会行为，解释了现代人类为何容易对虚构的浪漫叙事和高糖食物等“过度刺激”产生成瘾反应。Deirdre Barrett, *Supernormal Stimuli: How Primal Urges Overran Their Evolutionary Purpose* (New York: W. W. Norton & Company, 2010), chap. 3.

[71] 塞万提斯通过《堂吉诃德》敏锐地捕捉到了印刷媒介对人类神经回路的“劫持”现象，这部作品被广泛视为对当时泛滥的骑士浪漫小说的深刻讽刺与社会学反思。Miguel de Cervantes Saavedra, [1605] *Don Quixote*, trans. Edith Grossman (New York: Ecco, 2003), prologue.

的心理阈值。

当文化软件提供的虚拟体验远远比现实中的包办婚姻更加刺激、更加符合大脑底层生物学情欲时，一种巨大的认知失调便不可避免地产生了。人们开始在心底埋下一颗极具破坏性的怀疑种子："如果小说里的骑士和公主可以为了爱情而结合，为什么我必须为了几亩田地嫁给一个我毫无感觉的陌生人？"

前所未有的代际冲突开始在欧洲各地的家庭中爆发。年轻人不仅在幻想爱情，他们甚至开始将这种幻想付诸行动，为了虚无缥缈的浪漫而反抗父母精心计算的联姻安排。

这种由媒体驱动的心理重塑，在十六世纪末期的伦敦舞台上达到了一个标志性的高潮。

当威廉·莎士比亚写下《罗密欧与朱丽叶》时，他精准地捕捉到了这种正在整个社会蔓延的时代情绪。这部剧作之所以能够引发长达数百年的轰动，正是因为它极其直白地将两种根本无法调和的系统推向了正面交锋：代表着农业时代"财产契约与家族联盟"的蒙太古与凯普莱特家族，对阵代表着纯粹"多巴胺与生物学激情"的两个年轻个体。

在传统的农业生存价值观里，罗密欧与朱丽叶的行为是极其自私且不负责任的，他们为了虚无缥缈的荷尔蒙冲动，公然背叛了养育他们的家族。但在被浪漫模因深度感染的新兴市民阶层眼中，这两个年轻人却成了至高无上的情感殉道者。这部剧作向大众传递了一个具有毁灭性力量的信息：为了真爱而死，远比为了家族的经济契约而苟活要高尚得多。[72]

只可惜，观念的狂飙突进却狠狠撞上了现实的铜墙铁壁。

此时的平民大众，脑海里虽然塞满了对浪漫之爱的狂热幻想，双脚却依然深陷在传统的农业经济结构之中。在工业革命真正到来之前，绝大多数人的生存依然严重依赖于宗族网络、土地继承和冷酷的经济联姻。当被书籍唤醒了浪漫渴望的个体，痛苦地发现自己依然身处一个将爱情视为交易筹码的古老牢笼时，这种文化期望与物质现实之间的巨大撕裂注定无法持久。最终，那股被印刷机和戏剧点燃的、要求将"激情"与"婚姻"强行捆绑在一起的革命洪流，即将彻底冲垮这座运转了数千年的古老制度。

---

[72] 社会学家安东尼·吉登斯指出，这种追求"浪漫之爱"的狂热本质上是一种具有颠覆性的现代性力量，它直接挑战了将婚姻视为经济契约的传统亲属制度，标志着个体情感与亲密关系开始被置于社会义务之上。Anthony Giddens, *The Transformation of Intimacy: Sexuality, Love, and Eroticism in Modern Societies* (Stanford, CA: Stanford University Press, 1992), 39-41.

第四节 范式重构：爱与婚姻被迫合流

想象一下十八世纪末期，在欧洲或北美的一户新兴中产阶级家庭里。在装饰着精美碎花壁纸的客厅中，一场足以让几个世纪前的祖辈们惊掉下巴的激烈争吵正在爆发。一位年轻的女儿正流着眼泪，坚决拒绝父亲为她安排的那位家境殷实、拥有大片庄园但年长且极度乏味的未婚夫。她的抗拒理由在今天的我们看来简直是天经地义，但在当时的社会语境下却无异于石破天惊："我不爱他。如果和他结婚，我会失去一生的幸福。"

如果这一幕发生在中世纪的贵族城堡或是古罗马的父权制家庭中，这位敢于抗命的女儿大概率会直接面临禁闭、被送进修道院，甚至遭到更严厉的物理惩罚。因为在曾经的生存逻辑里，为了追求个人的"幸福"与"爱情"而违抗家族联姻，是一个极其荒谬、自私且具有破坏性的伪命题。

但在启蒙思想萌动的特殊时代，面对女儿决绝的反抗，父亲虽然依旧愤怒，但他的权威底气却开始出现前所未有的动摇与心虚。因为在这位年轻女性的眼泪背后，站着整个启蒙时代（Enlightenment）波澜壮阔的思想洪流。

这是一场从根本上重塑人类自我认知的范式革命。随着约翰·洛克（John Locke）等思想家对"君权神授"的猛烈抨击，一种极具颠覆性的逻辑开始蔓延：如果连高高在上的君主权力都开始受到理性的严格审视，那么一个父亲又凭什么能够在没有女儿同意的情况下，将她的身体和后半生作为财产随意交易呢?[73]

随后，让-雅克·卢梭（Jean-Jacques Rousseau）等浪漫主义先驱更是将这把火烧到了极致。他的书信体小说《新爱洛漪丝》（Julie, or the New Heloise）以前所未有的姿态，狂热地捍卫了基于真实情感的个人选择，将那些为了金钱和地位而结合的包办婚姻斥为虚伪与道德沦丧。这种原本只停留在政治学和哲学领域的"个人主义"觉醒，像不可阻挡的潮水一般，迅速击碎了宗法制度的堤坝，漫溢到了人类最私密、最核心的领域——择偶市场。[74]

---

[73] 英国哲学家约翰·洛克在《政府论》中对父权的解构，不仅为现代政治奠定了基础，也在客观上动摇了传统宗族对子女（包括婚姻选择）的绝对支配权。John Locke, *Two Treatises of Government* [1689], ed. Peter Laslett (Cambridge: Cambridge University Press, 1988), bk. 2, chap. 6.

[74] 卢梭的《新爱洛漪丝》是十八世纪欧洲最畅销的小说，它深刻塑造了现代人的浪漫观，将基于个人真实情感的结合提升至超越社会阶级与家族利益的道德高度。Jean-Jacques Rousseau, *Julie, or the New Heloise* [1761], trans. Philip Stewart and Jean Vaché (Hanover: University Press of New England, 1997).

当启蒙思想赋予了个体追求自身幸福的合法性时，在决定身体归属和终身伴侣这件最重要的事情上，年轻人自然开始主张自己的最终选择权。

于是，在十八世纪到十九世纪的漫长岁月里，西方社会经历了一场极其痛苦但又不可逆转的结构性转型：从“包办婚姻”向“自由恋爱”的惊险跃迁。这当然并非一蹴而就。起初，社会采取了一种妥协的混合模式：父母依然把控着相亲候选人的“资源池”，确保阶层和财富的门当户对；但时代史无前例地赋予了年轻人——尤其是年轻女性——“一票否决权”。如果她们面对候选人时感受不到那种被称为“爱情”的化学反应，她们有权说不。

与此同时，早期资本主义和重商主义的兴起，为这种情感独立提供了坚实的物质基础。越来越多的年轻人开始离开家族的农庄，在城镇中通过自己的手艺或商业贸易赚取独立的薪水。经济基础的独立不可避免地催生了情感决策的独立。“谁支付账单，谁就挑选新娘。”当宗族不再是年轻人唯一的生存依靠时，长辈们利用财产继承权来胁迫子女就范的终极武器便失效了。[75]

裂缝一旦打开，多巴胺的洪水便再也无法阻挡。年轻人开始狂热地坚信，强烈的双向吸引——即那种令人心跳加速、瞳孔放大的“浪漫之爱”——不再是缔结婚姻的加分项，而是绝对的前提条件。

传统的因果关系被彻底且永久地倒置了。人们开始认为，缺乏爱情基础的婚姻毫无幸福可言，在道德上也显得极其虚伪，无异于一场仅仅为了生存而缔结的冷酷交易。

从进化心理学和神经生物学的宏观尺度来看，这是一次全人类规模的、史无前例的疯狂社会学实验。

剥离掉文化的包装，现代人类提出了一个极其贪婪、甚至违背进化常理的诉求：范式重构。

在此前的数百万年里，大脑中的“情欲”、“浪漫”与“依恋”这三个系统始终保持着极大的流动性与分离度，制度甚至在过去的几千年中对它们进行了严苛的物理切割。但现在，我们竟然试图将这三个具有截然不同的周期、目标和化学机制的独立神经系统，强行融合在一起，塞进同一个名为“基于爱情的现代婚姻”的制度容器里，并要求它们在这个单一容器中完美、同步

[75] 历史学家斯蒂芬妮·孔茨指出，早期市场经济中的雇佣劳动使年轻人获得了独立的经济来源，这直接瓦解了长辈利用土地继承权来控制子女婚姻的传统手段。Stephanie Coontz, *Marriage, a History*, 145-146.

地运转长达半个世纪！

现代婚姻要求配偶扮演一个无所不能的“全能神”：在长达几十年的时间里，这个人必须充当一个绝对可靠的经济合伙人、一个情绪极其稳定的育儿战友（完美满足“依恋”系统的需求）；在此基础上，这名配偶还必须永远保持神秘感与性张力，持续激发伴侣心跳加速的激情与不可救药的迷恋（持续满足“浪漫”与“情欲”系统的需求）。

在人类几百万年的智人进化史中，没有任何一个时期的任何一个个体，曾经承担过如此巨大、如此全方位且极度自相矛盾的心理预期。

如果把这种现代浪漫婚姻的底层逻辑展示给我们在更新世大草原上的狩猎祖先，或是中世纪精于算计的封建领主看，他们一定会认为现代人彻底疯了。将极其不稳定、在生物学上注定会在一到三年内随着神经受体脱敏而自然回落的“多巴胺狂欢”，作为建立一个需要维系几十年的经济和生育互助小组的核心基石，这在建筑结构学上就是极度脆弱的。[76]

这就像是试图用绚丽但转瞬即逝的烟花，去浇筑一座摩天大楼的地基。一旦浪漫初期的多巴胺与苯乙胺迷雾无可避免地散去，显露出平淡、琐碎且充满摩擦的日常生活时，现代人就会感到一种巨大的心理落差与背叛感——“我对他没有那种心跳的感觉了，我们不再相爱了，所以这段婚姻失败了。”

历史的诡谲之处恰恰在于，正是这种在生物学上极度脆弱且充满内在矛盾的“爱情至上”婚姻模式，最终在全球范围内取得了压倒性的胜利，并化身为推动人类文明跨入下一个纪元的最隐秘、也最强大的引擎。

当一对年轻人为了不可理喻的爱情而结合，甚至不惜与家族决裂时，他们实际上在无意中切断了与传统宗族网络最核心的物理与心理纽带。这种完全基于个体浪漫情感建立的“核心家庭”（Nuclear Family），不再需要庞大宗族长辈的批准，不再受制于村落复杂的人际网络，更不再死死依附于那几亩祖传的农田。它变成了一个极其独立、轻盈且可以自由移动的微型社会单元。[77]

---

[76] 海伦·费舍尔认为，人类的浪漫之爱（多巴胺系统）在进化上只设计为维持较短时间（通常为 1 至 3 年）以完成最初的配对。这与前文提到的“四年之痒”并不矛盾：1 至 3 年是多巴胺主导的激情狂热期，而“四年之痒”则是包含后续催产素维持的早期抚育阶段在内的完整生物学解体周期。将如此短暂的激情作为维系终身婚姻的唯一基石，在生物学上充满了内在的不稳定性。Helen Fisher, *Why We Love*, 195-196.

[77] 社会学家威廉·古德在其经典研究中论述了“核心家庭”与工业化的契合性。基于个人情感建立的小型家庭单元由于不依附于庞大的宗族网络，展现出了极强的地理流动性，完美适应了工业

这种摆脱了土地与家族束缚的个体觉醒，恰逢其时地迎合了一种即将彻底改变地球面貌的全新生产方式的饥渴需求。

因为，只要你为了个人的爱情与幸福而活，你就可以去地球上的任何地方。随着浪漫之爱以摧枯拉朽之势瓦解了我们将自己锚定在古老熟人社会的心理防线，一种全新的社会生态即将降临。在那地平线的尽头，一个由蒸汽机、纺织厂和钢铁构筑的庞大的“陌生人世界”，正张开轰鸣的巨口。它正焦急地等待着这批因浪漫之爱而从几千年农耕土地上彻底脱落的、自由且孤独的个体，去填充它那永不餍足的工业齿轮。

时代对劳动力的需求。William J. Goode, *World Revolution and Family Patterns* (New York: Free Press, 1963), 10-15.

第六章 逃离熟人社会：自由恋爱的降临

第一节 邓巴数魔咒：无处遁形的熟人社会

无论是十八世纪的欧洲村庄、十九世纪的北美定居点，还是中国江南的宗族聚落，在这些前工业时代的社会切片中，人际关系都呈现出一种今天生活在超级城市里的我们难以信服的浓稠度。在这里，村民们彼此知根知底。大家熟识的范围涵盖了同龄人、父母乃至祖辈，甚至清楚邻居家里哪块田的收成最好，哪头牛去年生了病。这种封闭的生态系统造就了极度密集的人际网络，每个人都被紧紧镶嵌在错综复杂的宗族与血缘网络中，任何微小的越轨都会引发整个系统的震荡。

为什么我们在漫长的农业时代，乃至更早的狩猎采集时代，总是生活在这样规模极其有限的社群中？这并非单纯因为古代交通不便或生产力落后，其根本原因在于，我们的大脑深处存在着一道难以逾越的生物学硬件限制。

人类学家罗宾·邓巴（Robin Dunbar）曾提出过一个著名的概念：**“邓巴数”**（Dunbar’s Number）。通过分析灵长类动物大脑新皮层的体积与社群规模的比例关系，他推算出人类大脑能够维持稳定社交关系的上限，大约是 150 人。这并非一个随意的统计数字，而是一个被历史和进化反复打磨的常量。从罗马帝国早期约 130 人的步兵中队（Maniple），到新石器时代的早期村落，再到现代企业中无需繁复管理架构的理想部门规模，历史一次又一次地印证了这个神奇的数字。一旦社群人数突破这个上限，人脑处理复杂人际关系的能力就会崩溃，社群就必须依靠法律、层级或正式制度来维持运转，否则便会分裂。[78]

当我们将“邓巴数”投射到前工业时代的择偶市场上时，一种令人窒息的透明度便显现出来。在人数极少超过 150 人的“熟人社会”（Acquaintance Society）里，每个人都生活在被彼此密切注视的社交网络中。这里没有秘密，没有隐私，更没有可以隐藏过去、重新包装自己的“赛博空间”。

在这种极端透明的环境下，一个人在择偶市场上的核心资产并非短暂的浪漫激情，而是极其脆弱的“声誉”。

在村落里，声誉是终极且不可撤销的社交货币。一个年轻人的勤奋、暴躁、忠诚或是轻浮，都会在无数次微小的日常互动中被反复检验，并迅速在 150 人的网络中像病毒一样传播。如果一个男子在春播时偷懒，或者一个女子在集市上举止轻佻，这些污点会立刻转化为邻里间津津乐道的八卦，并像基因一样死死烙印在他们的身份上，导致其在当地择偶市场中的急剧贬值甚至彻底破产。个体无法像现代人那样通过搬家或换个社交圈来“重新开始”。在那个时代，普通人根本没有随意迁徙的自由，他们的一生几乎注定要在这狭小的方圆几十里内度过。[79]

因此，在工业革命之前的漫长岁月里，“谈恋爱”从来不是两个人之间私密的、随心所欲的浪漫游戏。相反，它是一场由整个家族甚至整个村庄共同参与的公开审计。在这个审计过程中，个人的浪漫冲动必须被严密压制，以服从集体对声誉和资源的算计。

这种对声誉的极致维护，催生了当时最为典型的求偶仪式——**“拜访制”**（the calling system）。这在十九世纪的欧美乡镇和中产阶级社区中表现得尤为明显。

如果一个年轻男子对某个女孩有意，他绝不能像今天这样，在路边搭讪，或者发个信息约对方去酒吧或电影院。那样的行为会被视为严重的冒犯和极其轻浮的举动。相反，他必须遵守一套复杂而僵化的礼仪：穿戴整齐，拿着印

---

[78] 进化人类学家罗宾·邓巴通过研究灵长类动物大脑新皮层面积与社群规模的正相关性，提出了著名的“邓巴数”，指出人类能够维持稳定社交网络的人数上限在 150 人左右。Robin Dunbar, *Grooming, Gossip, and the Evolution of Language* (Cambridge, MA: Harvard University Press, 1996), chap. 4.

[79] 在传统的“熟人社会”中，八卦（gossip）绝非简单的闲聊，它是维持社群秩序和评估个体声誉的核心机制，这种极高的声誉透明度使得欺骗策略在小规模社群中难以奏效。Yuval Noah Harari, *Sapiens: A Brief History of Humankind* (New York: Harper, 2015), 22-26.

有自己名字的名片，在规定的、合乎礼仪的时间，亲自来到女孩的家中进行正式的“拜访”。

这场求偶仪式的核心舞台，是女孩家中的客厅（parlor）或前廊。在这里，主场优势完全掌握在女方和她的家族手中。这并非一场平等的约会，而是一场由女方父母主持的面试。女孩的父母通常会坐在不远处的扶手椅上，一边做针线活或看报纸，看似漫不经心，实则如同苛刻的审计员，冷酷地盘算着这位求婚者的底细。男子的言谈举止、家庭背景、经济前景，都在这种令人如坐针毡的半公开审视中被仔细称量。

在客厅这个私密但又受家族权力严格监督的空间里，所谓的“浪漫”受到高度规训。年轻人之间的互动必须符合严苛的礼仪规范，谈话的内容被限制在天气、文学或无关紧要的社交琐事上。任何越轨的身体接触，哪怕是稍显亲密的凝视或轻浮的言辞，都会立刻敲响家族的警钟，并可能毁掉双方——尤其是女方——辛辛苦苦积累的声誉。

婚姻的缔结，最终依然是两个家族在充分的信息对称下，进行的一场安全的资产与信誉的重组，而不是多巴胺的狂欢。[80]

从进化的宏观角度来看，熟人社会这种高度透明的声誉机制其实是一种极其高效的生存策略。它利用了邓巴数的上限，将欺骗的成本推到了最高。那些试图隐瞒疾病、债务或暴力倾向的“劣质”伴侣，在整个社群的密切审视下根本无处遁形。这种“熟人网络”虽然压抑了人类底层的多巴胺和浪漫激情，但却最大限度地排除了择偶过程中的信息不对称，保障了繁衍的安全性和后代抚养的稳定性。它确保了每个人都能找到一个至少在底线上靠谱的伴侣，共同抵御恶劣的自然环境和生存压力。

然而，当浪漫之爱的文化模因在启蒙时代完成跨越阶级的传播后，中世纪的经济契约式婚姻受到了猛烈冲击。年轻人的大脑在阅读了浪漫小说、接受了个人主义的洗礼后，开始对这种充满算计和监视的客厅求偶感到极度厌倦。多巴胺渴望不可预测的刺激，渴望挣脱父权的严密凝视，渴望在没有历史包袱的旷野中自由寻找命中注定的另一半。

可是，只要人类还被禁锢在邓巴数划定的村落里，在父母目光如炬的客

80 历史学家贝丝·贝利在其关于求偶史的经典研究中指出，在“约会”（dating）这个概念诞生之前，年轻人之间的求偶必须在女方家庭的私密但受监督的空间（如客厅）中进行，这是一种被称为“拜访制”的严苛社交契约。Beth L. Bailey, *From Front Porch to Back Seat: Courtship in Twentieth-Century America* (Baltimore: Johns Hopkins University Press, 1988), chap. 1.

厅接受审问，浪漫就永远只能是小说里的虚幻倒影。熟人社会的无形枷锁，死死锁住了刚刚觉醒的浪漫欲望。

要真正释放多巴胺的狂热，体验到纯粹的、不受家族羁绊的爱情，人类需要一种前所未有的生存环境。一种没有流言蜚语的环境，没有声誉破产就意味死亡的致命威胁，更没有整个社群的目光时刻审视自己的环境。

恰在此时，蒸汽机的轰鸣撕裂了村庄的宁静。数以百万计的年轻人即将打点行装，毅然逃离那张令人窒息的熟人网络。他们将纵身跃入由钢筋水泥构筑的巨兽，去迎接一种前所未有的、能够将传统声誉彻底清零的生存状态——“陌生人社会”（Stranger Society）。

第二节 跃入钢筋丛林：陌生人社会的崛起

自十八世纪末起，随着蒸汽动力的普及和工厂烟囱的拔地而起，人类历史上最壮观的一次人口大迁徙拉开了序幕。成百上千万的年轻人，带着对未知的恐惧和对财富的渴望，打包了简陋的行囊，永远地离开了那些祖祖辈辈耕作的土地。他们告别了风吹麦浪的田野，涌向曼彻斯特、伦敦、芝加哥和纽约，涌向那些煤烟遮天蔽日、机器日夜轰鸣的工业巨兽。

这远非地理坐标的简单平移，它直接引发了一场神经学与心理学的大地震。对于习惯了村庄宁静、习惯了看云识天气、习惯了只和固定的一百多号人打交道的前工业时代的大脑来说，十九世纪的大都市完全是一个充满暴力冲击的异度空间。马车的嘶鸣、工厂的汽笛、拥挤的人群、刺眼的煤气灯光，以一种前所未有的密度和频率，无情地轰炸着人们的感官。

德国社会学家格奥尔格·齐美尔（Georg Simmel）在 1903 年发表的经典著作《大都会与精神生活》中，极其敏锐地捕捉到了这种空间剧变对人类心理的重塑。他指出，在大城市中，个体每时每刻都在遭遇海量的、快速变化的外部刺激。如果大脑对每一个刺激都做出真实的情绪反应，人类的神经系统很快就会因为超载而彻底崩溃。为了在这个神经轰炸的“钢筋丛林”中生存下来，都市人不得已演化出了一层坚厚的心理防御盔甲——齐美尔称之为“见怪不怪的冷漠态度”（blasé attitude）。[81]

---

81 德国社会学家格奥尔格·齐美尔在其关于城市社会学的奠基之作中提出，大都市海量的感官刺激迫使个体发展出一种理智且冷漠的防御机制，以避免神经系统的崩溃。Georg Simmel, “The Metropolis and Mental Life,” in *The Sociology of Georg Simmel*, ed. Kurt H. Wolff (Glencoe,

这种冷漠，表面上看是城市人缺乏人情味、世故圆滑的表现，但本质上，它是大脑为了屏蔽冗余信息而采取的自我保护机制。当一个人每天在通勤路上与成百上千个陌生人擦肩而过时，大脑早已无力再去处理他们的身世、性格或道德瑕疵。为了维持精神的理智，大都市切断了人类情感投入的广度，将人与人之间的互动降维成了一种纯粹理性的、冷冰冰的计算。

这种心理防御机制的全面建立，直接催生了现代人类社会最核心、也最反直觉的特征之一："陌生人社会"。

在邓巴数统治的村落里，"陌生人"是一个极其罕见且极具危险性的词汇；而在大都会里，"陌生人"成了生活的绝对常态。对于那些刚刚进城的年轻男女来说，这种身处无数陌生面孔汪洋之中的体验，起初是令人眩晕、孤独甚至恐惧的，但很快，他们的大脑就察觉到了这层冷漠外衣下隐藏的巨大红利。他们尝到了一种前所未有的、令人极度上瘾的东西：匿名性。

在法国哲学家米歇尔·福柯的语境里，"全景敞视监狱"（Panopticon）是一种通过无死角的社会注视来规训行为的机制。前工业时代的村落正是一个天然的伦理全景监狱。每个人既是囚徒，也是狱卒。任何越轨的两性互动都会瞬间触发整个宗族网络的警报。但在大都会，数百万人的聚集直接摧毁了这种高密度的注视，反而为个体提供了一层完美的匿名隐身斗篷。[82]

匿名性，是工业革命赐予人类择偶市场最伟大的礼物。

对于一个十九世纪末在纺织厂做工的女工，或者一个在钢铁厂干活的男学徒来说，当他们结束了一天长达十几个小时的繁重劳动，走出工厂大门，融入拥挤的街头时，一个奇迹发生了：在这茫茫人海中，没有人认识他们。在这个由几百万陌生人组成的巨大迷宫里，没有邻居的窥探，没有族长的凝视，更没有熟人网络对声誉的无休止审查。只要走出自己租住的几个街区，他们就可以轻易地隐匿在人海之中。他们不再是庞大家族的附属品，不再是那个因儿时偷懒就遭全村人防备的"坏小子"，也不再是长舌妇口中无端非议的"轻浮丫头"。在这个钢筋水泥的海洋里，物理距离强行清零了过去的污点，个体的身份迎来了彻底重置。

IL: Free Press, 1950), 413-415.

82 "全景敞视监狱"最初由边沁提出，后被福柯引申为现代社会无处不在的权力监视与规训机制。在前工业时代的村庄中，这种监视网络是由紧密的宗族与熟人关系天然构成的。Michel Foucault, *Discipline and Punish: The Birth of the Prison* (New York: Vintage Books, 1995), 195-228.

这种匿名的自由，如同一场生态降维打击，彻底摧毁了维持数千年的传统求偶规则。在那张严密的熟人网络撕裂后，“声誉”作为核心社交货币的价值遭遇了断崖式的下跌。当个人的交际圈从固定不变的 150 人膨胀为每天都在更替的几万人时，人们根本没有时间，也毫无渠道去详尽调查潜在伴侣的祖宗八代与过往劣迹。在村庄里，村民确信一个男人勤劳，是因为亲眼看着他种了十年的地；但在城市里，谁也无法考察一个陌生人的历史。

这种深度信息的丧失，迫使都市男女的择偶策略发生了根本性的逆转：既然无法探究“底细”，人们只能依靠极其表面的信号来快速评估对方的价值。这在进化心理学上是一个极具讽刺意味的回旋。数百万年前，我们的大脑进化出了解读复杂社交线索的能力；而在十九世纪的大都市里，这种能力突然失去了用武之地。当深度的道德和性格评估不再可能，人类只能退回到一种近乎于动物本能的评估模式——展示。

城市男女不得不在有限的相遇时间里，像雄孔雀展开尾羽一样，拼命展示自己的资源和吸引力。大都会的择偶市场迅速退化（或者说进化）成了一场视觉信号的军备竞赛。合身的西装、精致的怀表、时髦的裙摆、特定的口音，甚至是在餐厅里点餐的熟练程度，都成为了替代传统声誉的新型“孔雀尾巴”。工业革命批量生产了廉价的棉布，同时也倾泻出海量标准化的时尚符号。在齐美尔所洞察的金钱社会中，个体的魅力不可避免地沦为高度符号化的产物。既然无法深度了解彼此，人们只能依靠消费符号，进行一场场高效而浅薄的互相打量。[83]

然而，当这些挣脱了父母凝视的年轻“孔雀”们，准备在匿名的城市中施展魅力时，他们尴尬地发现，原本属于乡村的“客厅”求偶舞台已经彻底坍塌，迫使无处落脚的浪漫只能流向喧闹的公共街头。

第三节 逃离长辈视线：汽车后座的约会

在 1920 年代芝加哥的一个周五夜晚，一名在肉类加工厂做工的年轻小伙，并没有穿上他最好的一套西装去敲开某个女孩家的前门，像个接受审讯

---

83 当传统的深度声誉机制失效时，都市男女转向通过炫耀性消费（conspicuous consumption）来传递自身的阶级与资源信号。进化心理学家指出，这种在匿名环境下的视觉竞争，成为了工业时代新型的求偶策略。Geoffrey Miller, *Spent: Sex, Evolution, and Consumer Behavior* (New York: Viking, 2009), 11-15.

的囚犯一样端坐在对方长辈的客厅里。相反，他站在喧闹的街角等待。女孩从拥挤的廉租公寓楼里溜出来，两人并肩跳上一辆隆隆作响的有轨电车，前往市中心的廉价戏院或者拥挤的舞厅。几小时后，他们或许还会借朋友的福特 T 型车去兜个风。

在这短短的几个小时里，人类求偶史上的一个地质断层悄然发生：两性交往的物理空间，从家庭内部彻底转移到了公共街头。这场从女方家前廊到男方付费的商业场所的空间大转移，标志着择偶市场权力结构的根本性重组。历史学家贝丝·贝利曾将这种空间上的逃离精辟地概括为“从前廊到汽车后座”。[84]

在传统的“拜访制”中，客厅是受长辈严格监督的领地。可是，当工业革命将成千上万的年轻人塞进大都会那些逼仄的、几代人共享一个房间的廉租公寓时，物理意义上的“客厅”便不复存在了。工人阶级的年轻人根本没有一个体面的私密空间来接待异性。如果想要发展浪漫关系，他们唯一的选择就是走向街头，拥抱公共领域。

当求偶活动被强行推出家门，它立刻与工业城市最核心的引擎发生了剧烈碰撞——资本主义商品经济。传统的客厅拜访本质上是免费的，年轻人只需要坐在沙发上聊天、喝茶、弹奏几曲钢琴。但这种在公共空间展开的新型求偶仪式，很快获得了一个专属的新名词：“约会”，而它需要真金白银。有轨电车的车票、电影院的入场券、舞厅的门票、餐厅的账单，每一项都在明码标价。

这种冷酷的经济现实，以一种粗暴的方式重新洗牌了择偶市场中的权力天平。在早期的工业经济中，年轻男性是主要的工资赚取者，而年轻女性的收入微薄，甚至被排斥在雇佣劳动之外。既然约会的开销几乎全部由男方承担，男方实际上就购买了这场浪漫互动的空间与时间框架。

权力就这样悄然从坐在客厅扶手椅上的女方母亲手中，滑落到了在餐厅里掏出钱包的年轻男性手中。

“约会”迅速演变成了一种高度商品化的经济交换。男性用工业社会分配给他的金钱资源，在商业市场上换取女性的陪伴时间以及逐渐深化的亲密关系。女性虽然逃脱了父母的严密监视，却立刻陷入了另一种结构性的依附：她

---

[84] 贝利在研究中强调，当私人空间的控制权让位于公共领域的消费能力时，年轻人虽然获得了摆脱家庭监督的自由，但也迎来了被市场逻辑支配的新规则。Bailey, *From Front Porch to Back Seat*, chap. 1.

们的社交生活和浪漫体验，死死绑定于男性的购买力之上。这种由金钱主导的“请客”逻辑，彻底打破了传统拜访制中女性对求偶节奏的绝对把控。[85]

更深远的影响在于，高度商业化的约会文化成为了“浪漫模因”最强大的普及机器。在中世纪，骑士之爱和宏大的浪漫叙事仅仅是那些吃饱穿暖的贵族阶层的专属游戏。对于终日在泥土里刨食的农民来说，他们连填饱肚子都费劲，根本负担不起这种高耗能的情感挥霍。但工业革命打破了这一阶级壁垒。它创造出了一个拥有可支配收入和周末休息时间的庞大城市工人阶级群体，并将那种曾经高高在上的贵族浪漫幻想打包成廉价的消费品，批发给了普罗大众。

蓬勃发展的现代娱乐工业——好莱坞的黑白电影、街角留声机里播放的流行情歌、廉价的言情杂志——开始以工业化的速度批量制造“真爱至上”的幻觉。当一个流水线上的装配工花几美分买下一张电影票，带着女伴坐在黑暗的放映厅里时，他们在大银幕的光影交错中共同消费着一个浪漫的梦境。在这个梦境里，他们不再是被机器异化的齿轮，而是自己爱情史诗里的绝对主角。浪漫成功降维为一种只要花几枚硬币就能体验的快感商品。

在这场重塑人类择偶行为的消费革命中，最具颠覆性的技术发明既不是电影院，也不是舞厅，而是汽车。亨利·福特的 T 型车极大地推进了交通出行的民主化，同时它也在不经意间，为人类提供了一间有史以来最便宜、最隐蔽且具备高度机动性的“移动私密空间”。对于上一代人来说，汽车后座所提供的物理隐私和逃脱社区监视的能力，是完全无法想象的。

轰鸣的内燃机赋予了年轻人真正的地理自由。他们可以轻易地将车开出城市，远离熟人、邻居以及任何潜在的监视者。这种空间上的绝对隔离，不可避免地导致了性边界的重新谈判。在村庄的视线范围内，青年男女的交往受到整个社群声誉机制的严厉威慑；但在脱离了熟人视线的汽车后座上，两性交往的亲密尺度，演变成了仅仅属于两个个体之间的私人博弈。[86]

通过将求偶仪式从逼仄的客厅连根拔起，并将其猛烈地抛入喧嚣的商业

---

[85] 社会学家伊娃·易洛思指出，现代浪漫文化本质上是消费资本主义的产物，资本不仅将商品包装上浪漫的光环，也将两性互动转化为一种基于消费的经济交换。Eva Illouz, *Consuming the Romantic Utopia: Love and the Cultural Contradictions of Capitalism* (Berkeley: University of California Press, 1997), chap. 2.

[86] 社会学家罗伯特·林德与海伦·林德在 1929 年出版的经典社会学调查中发现，汽车在 1920 年代迅速普及，它极大地削弱了社区和父母对年轻人的传统社会控制，重塑了求偶的地理学与性边界。Robert S. Lynd and Helen Merrell Lynd, *Middletown: A Study in Modern American Culture* (New York: Harcourt, Brace & World, 1929), chap. 19.

市场，工业城市不可逆转地将个体从熟人社会的全景监狱中解放了出来。有史以来第一次，年轻的男女们可以仅凭多巴胺的指引、基于共同的休闲爱好和外貌吸引力来选择伴侣，而不必再屈从于家族的包办和邻里的非议。

多巴胺似乎取得了最终的胜利。然而，当这些年轻人站在大都会那令人眼花缭乱的霓虹灯下，享受着可以和任何人约会的空前自由时，他们即将迎面撞上一种更为隐秘的心理重压。当村庄的长老不再替我们包办婚姻，当城市的街头每天提供数以万计的陌生面孔时，我们如何才能确信，眼前这个人就是命中注定的“唯一”？这场由匿名和商业共同编织的自由恋爱狂欢，即将把人类的欲望推入一个没有出口的选择迷宫。

第四节 选择的迷宫：自由与择偶焦虑

1920 年代，在纽约或伦敦的一家街角药房里，一位年轻的打字员下班后，戴着低檐的钟形帽，快步走入店中。她环顾四周，确认没有熟悉的面孔后，低声向柜台后的药剂师购买了一盒由硫化橡胶制成的早期避孕套，或者一个用来阻断精子的子宫帽。药剂师将物品用不起眼的牛皮纸包好递给她，两人全程没有多余的交流。在这个冰冷的商业交易中，药剂师既不认识她的父母，也不关心她的声誉。

将视线从微观场景向后拉远，俯瞰工业化早期的社会版图，一个具有划时代意义的裂变清晰可见：人类首次在规模上尝试将“性”与“繁衍”解绑。

在大都会的庇护下，脱离了宗族监视的年轻男女在获得地理自由之后，开始试图争取生物学上的自由。尽管二十世纪早期的避孕手段依然粗糙、昂贵且伴随着一定的失败率，但它们结合着城市提供的完美匿名性，在年轻人的意识中植入了一个极其颠覆性的观念：两性之间的亲密接触，可以仅仅是为了追逐多巴胺的愉悦，而无需必然走向婴儿的啼哭和沉重的家庭羁绊。这标志着生殖策略发生了一次深刻的异化，性行为开始从一种维持种群繁衍的生存任务，向一种提供个人快乐的娱乐活动转变。汽车后座上的浪漫，在橡胶制品的物理隔离加持下，变成了一场风险可控的都市冒险。

然而，正如进化过程中的每次基因突变总伴随未知的副作用，这场由工业化与早期避孕技术共同催生的“自由恋爱”，很快显露出了极具破坏性的双刃剑特质。当年轻人满怀期待地冲入这片看似拥有无限可能的现代择偶场时，他们并没有抵达天堂，而是迎面撞上了一座由自己亲手建造的心理迷宫。

这座迷宫的核心运作机制，被现代心理学家巴里·施瓦茨（Barry Schwartz）精准地命名为“选择的悖论”（Paradox of Choice）。[87]

在漫长的前工业时代，一个村庄里的适婚对象可能只有寥寥数人。当一个农夫的儿子在三个木匠的女儿中挑选未来的妻子时，他的选择过程异常简单粗暴：谁的身体最健康、谁干农活最麻利，谁就是最优解。一旦在长辈的主持下做出了选择，由于受限于地理隔绝，他的大脑就会自动开启“满足者”（satisficer）模式——接受现状，停止左顾右盼，并致力于在现有的婚姻框架内建立依恋关系。如果这段婚姻生活最终充满了争吵、贫穷和不幸，他可以顺理成章地将责任推卸给父母的糟糕眼光、媒人的夸大其词或者是命运的残酷。在这个传统的农业系统里，个人不需要为失败的婚姻承担过多的心理重压，因为选择权本来就不在他们手里。

但是，当工业革命将整个国家的数百万年轻男女同时倒进一个巨大的、缺乏阶级和地理边界的城市社交容器中时，大脑那套用来处理小样本选择的古老算法瞬间过载了。

大都会提供了一个看似深不见底、无限循环的择偶池。在喧闹的舞厅里、在光影交错的剧院中，每天都有成百上千张新鲜的、充满吸引力的面孔掠过。这种极其夸张的选择过载，瞬间激活了人类潜意识中最贪婪的“最大化者”（maximizer）倾向。当我们意识到这辈子可以选择和任何人结婚，且不再受限于门第和村庄时，潜台词就悄然发生了变异：既然我有这么多选择，我就必须找到那个“绝对完美”的人。

这种对“更好选项”的永恒期盼，像一种慢性的神经毒素，悄然腐蚀着现代人的亲密关系。当一个 1930 年代的年轻人在约会时发现对方有一个微小的缺点——也许是笑声太刺耳，或者对某部电影的品味不合——他的大脑立刻会拉响警报：为什么要在这个不够完美的人身上浪费时间？下个周末的舞会上，一定会出现一个更幽默、更漂亮、更契合的灵魂伴侣。这种对错失更优解的深深恐惧，使得做出长期承诺变得极其困难。人们在不断地打量、筛选和放弃中，陷入了严重的决策瘫痪。每一次约会都像是在进行一次风险极高的

[87] 心理学家巴里·施瓦茨提出，当面临的选项增加时，人们的决策焦虑也会随之飙升，最终导致幸福感下降和选择瘫痪，这一理论深刻解释了现代择偶市场的心理危机。Barry Schwartz, *The Paradox of Choice: Why More Is Less* (New York: Ecco, 2004), 1-5.

商品挑选，而潜意识里总觉得货架的下一排藏着更好的产品。[88]

与此同时，这场“选择的悖论”也导致了择偶标准本身的剧变。在村庄里，人们评估的是“品格”和“声誉”，这些是稳定且可见的客观指标。而在城市里，当每个人都变成了庞大市场上的自由消费者时，评估的标准迅速转向了“感觉”、“化学反应”和“浪漫契合度”。这些极度主观、极易受多巴胺波动影响的指标，让择偶变成了一门无法量化的玄学。为了在这场激烈的竞争中脱颖而出，都市男女不得不将自己也物化成货架上的商品，拼命通过购买最新款的服饰、模仿好莱坞明星的谈吐来进行自我营销。这种持续不断的自我展示与竞争，极大地加剧了心理疲惫。

更为残酷的是，当选择权完全交还给个体时，责任也随之彻底转移。在自由恋爱的全新语境下，如果伴侣最终被证明是个糟糕的人，或者婚姻在几年后不可挽回地走向破裂，人们再也不能将过错推诿给父母的包办或上帝的安排。是个体自己，在那眼花缭乱的城市迷宫中做出了选择。这种必须对自己的终身幸福负全责的沉重压力，在人类历史上是史无前例的。它催生了一种深刻的择偶焦虑，这种焦虑伴随着大都会自由的空气，深深地渗入了每一个现代人的毛孔，让每一次坠入爱河都伴随着对未来可能后悔的恐惧。[89]

因此，工业社会早期的都市男女陷入了一种奇特的心理困境。一方面，他们狂热地享受着匿名带来的狂欢，在商业化的约会市场中贪婪地消费着浪漫模因，沉醉于多巴胺带来的瞬间极乐；另一方面，他们又在深不见底的择偶池中感到深深的眩晕，被自我负责的重压压得喘不过气来。在这个由消费主义驱动的庞大市场上，伴随自由而来的，是前所未有的决策瘫痪与情感虚无。

在这座迷宫中艰难摸索的都市先驱们，其实还被最后一道物理枷锁死死锁住。二十世纪早期的避孕工具虽然提供了初步的安全感，但它们依然笨拙且极不可靠。对于意外怀孕的恐惧，以及非法堕胎带来的致命危险，犹如一道沉重的生物学债务，在潜意识中牢牢锁死了女性彻底释放欲望的可能。在这场看似平等的都市约会游戏中，女性承担的生物学风险依然远远高于男性。

---

88 在丰富的选择面前，人类往往会展现出追求利益最大化的心理倾向，这种“最大化者”心态极易引发对错失更优选项的恐惧，从而破坏长期的情感承诺。Eva Illouz, *Why Love Hurts: A Sociological Explanation* (Cambridge: Polity Press, 2012), chap. 3.

89 社会学家乌尔里希·贝克指出，现代社会的个体化进程虽然赋予了人们选择伴侣的自由，但也迫使个体必须为关系破裂承担全部的个人责任，这种将结构性矛盾转化为私人失败的现象，正是现代情感焦虑的根源。Ulrich Beck and Elisabeth Beck-Gernsheim, *The Normal Chaos of Love* (Cambridge: Polity Press, 1995), chap. 1.

城市虽然搭建好了容纳匿名和自由的宏大舞台，汽车也提供了逃避长辈视线的私人包厢，但要彻底斩断多巴胺狂喜与繁衍重担之间那条长达数百万年的古老锁链，人类还需要一把更加精巧、能够直接在分子层面上欺骗大脑的化学钥匙——而这把微小却足以彻底重塑整个人类生殖版图的钥匙，即将在几十年后的实验室里被合成出来。

第七章 避孕革命：繁衍与快乐的解绑

第一节 基因牢笼：致命的轮盘赌

二十世纪初的工业城市边缘，福特 T 型车的后座为年轻男女提供了逃避长辈监视的隐秘空间。然而，只要“性”依然与“繁衍”紧密绑定，这份额外的自由恋爱便始终戴着一副沉重的镣铐。

在缺乏现代医学和可靠避孕手段的漫长岁月中，对于女性而言，每一次性行为都不是单纯的感官享受，而是一场关乎生死的俄罗斯轮盘赌。历史人口学数据显示，在工业化前夕的欧洲，单次分娩的孕产妇死亡率约为百分之一到百分之一点二。[90]

这听起来像是个小概率事件，但在没有避孕措施的社会里，一位女性一生中通常会经历五到八次，甚至十几次的怀孕与分娩。将这些概率累加，死于难产、产后大出血或产褥热，成为了当时年轻女性最主要的生存威胁。在十六世纪的欧洲，许多女性发现自己停经后的第一件事，就是悄悄写下遗嘱。

直立行走带来的“产科困境”与“次级晚熟”，叠加农业社会为了保证“父性确定性”而建立的严密父权制度，使得生物学的孕产风险与社会的制度

[90] 历史人口学家通过对工业化前夕欧洲教区登记册（Parish Registers）的重构研究发现，前工业时代的孕产妇死亡率常年维持在 1% 到 1.2% 左右，且在多次生育的叠加下，成为当时女性主要的死亡原因之一。Roger Schofield, “Did the Mothers Really Die? Three Centuries of Maternal Mortality in ‘The World We Have Lost’ ”, in *The World We Have Gained: Histories of Population and Social Structure* (Oxford: Clarendon Press, 1986), 231-260.

约束犹如两座无可跨越的大山。它们共同在人类大脑中死死地焊上了一个“死结”——不容许“欲望”与“繁衍”轻易拆分。只要性依然意味着大概率的怀孕，怀孕依然意味着高死亡率和漫长的抚养责任，纯粹为了快乐的肉体渴望就永远戴着基因传承的镣铐。进化心理学中经典的“亲代投资理论”（Parental Investment Theory）所指出的投资不对等，注定了女性必须在释放欲望前，本能地启动风险雷达。[91]

因此，在避孕药出现之前的数百万年里，人类的“欲望系统”始终被镇压在“繁衍”的庞大基础设施之下。

然而，这道封锁了人类欲望数百万年的基因铁闸，即将在二十世纪中叶被彻底粉碎。

在一些不起眼的化学实验室里，科学家们正在合成一种微小的甾体激素分子。当时没人意识到，这颗只有几毫米的药丸即将像一把精巧的万能钥匙，咔嗒一声，撬开困住人类数百万年的进化牢笼。它完成了人类历史上最伟大的一次生理学欺骗，并引发了一场重塑全球亲密关系格局的超级海啸。

第二节 剥离繁衍：瞒天过海的生理欺骗

1950 年的冬天，一场发生在美国纽约一间不起眼公寓里的秘密会面，悄然转动了人类演化的齿轮，并最终引爆了人类历史上最深刻的一场两性革命。

当时已是七十一岁高龄的玛格丽特·桑格（Margaret Sanger），毕生都在为女性的生育自主权奔走呼告。她一生目睹了无数底层女性因频繁、非自愿的怀孕而陷入极度贫困，甚至因为走投无路而死于条件恶劣的私自堕胎。在那个年代的美国许多州，哪怕仅仅传播避孕知识，都会触犯《康斯托克法案》(Comstock laws) 而沦为重罪。但桑格没有退缩，她找到了当时著名的哺乳动物生殖专家格雷戈里·平卡斯（Gregory Pincus），向他提出了一个听起来近乎科幻的请求：人类能不能发明一种像每天早晨吃一片阿司匹林那样简单的“神奇药丸”，让女性能够完全、安全且隐秘地掌控自己的生育权？

---

91 “亲代投资”理论由进化生物学家罗伯特·特里弗斯提出，该理论指出两性在繁衍后代时初始投资的不对等（女性的孕育、哺乳成本远高于男性的精子成本），是驱动两性择偶策略和性选择差异的根本原因。Robert L. Trivers, “Parental Investment and Sexual Selection”, in *Sexual Selection and the Descent of Man, 1871-1971*, ed. B. Campbell (Chicago: Aldine Publishing Company, 1972), 136-179.

当时的科学界对这种想法几乎嗤之以鼻。不仅因为技术难度极高，更因为在二战后的保守氛围中，没有哪家体面的制药公司或政府机构愿意为一项旨在“鼓励非婚性行为”的研究提供资金。但平卡斯被这个极具挑战性的科学猜想深深吸引了。

为了突破资金困境，桑格找到了她的挚友——另一位充满斗志的女性平权先驱、极其富有的麻省理工学院毕业生凯瑟琳·麦考密克（Katharine McCormick）。麦考密克曾因为走私避孕隔膜进入美国而险些入狱，这一次，她毫不犹豫地自掏腰包，为这项游走在法律和道德边缘的研究提供了几乎全部的资金支持。

有了资金，平卡斯与他在伍斯特实验生物学基金会的华裔同事张明觉（Min Chueh Chang），以及一位德高望重的妇科医生约翰·洛克（John Rock）组成了一个不可思议的“地下科研小队”。洛克不仅是一位受人尊敬的医生，更是一位虔诚的天主教徒。他利用自己在马萨诸塞州开设的生育诊所作掩护，以“治疗女性不孕症”的名义，巧妙地为这项避孕药研究开展了早期的临床人体试验。正是这个由女性平权先驱、前卫生物学家、华裔科学家和天主教医生组成的奇特联盟，开启了这项挑战上帝法则的疯狂实验。[92]

面对这个几百万年的生物学难题，他们的破局思路极其绝妙：不去制造粗笨的物理屏障（如避孕套或子宫帽），而是利用女性身体本身的机制，来进行一场“瞒天过海”的生理学顶级欺骗。

在微观的内分泌系统层面，女性身体在漫长的进化史中早已演化出了一个天然的“绝对避孕期”——怀孕状态。在正常的生理周期中，大脑底部的脑垂体就像一个精密的控制塔，释放卵泡刺激素（FSH）和黄体生成素（LH）来指挥卵巢排卵。但是，女性一旦受孕，卵巢和胎盘就会开始分泌大量的黄体酮（孕激素）和雌激素。这些高浓度的激素会顺着血液逆流而上，向大脑的控制塔发送一个明确无误的信号：“子宫里已经有住客了，舱门已关闭，请立即停止排发新的卵子”。脑垂体接收到这个信号后，就会踩下刹车，停止分泌 FSH 和 LH，卵巢随即进入休眠状态。

---

92 避孕药的研发过程充满了法律与道德的博弈。记者乔纳森·艾格在其著作中详细重构了这段历史，记录了这四位背景截然不同的“十字军”如何通过私人资助和巧妙的临床掩护，在保守的时代氛围中完成了这项颠覆性的发明。Jonathan Eig, *The Birth of the Pill: How Four Crusaders Reinvented Sex and Launched a Revolution* (New York: W. W. Norton & Company, 2014), 15-30.

平卡斯和张明觉的策略，就是通过提炼和人工合成高浓度的孕激素（后来为了减少副作用又加入了少量的雌激素），在女性体内人为地模拟出一种“假性怀孕”的内分泌状态。

这种后来被称为“异炔诺酮”（Enovid）的药丸，就像是一个潜入女性内分泌系统的特洛伊木马。它每天都在按时向大脑的控制塔发送虚假的怀孕捷报，使得脑垂体深信不疑，从而持续保持卵巢的休眠。只要按时服药，女性的身体就始终处于这种安全、平静的“虚拟怀孕”错觉中，排卵被彻底叫停，受孕的几率自然降到了近乎为零。[93]

这看似只是一次精巧的药理学胜利，但它直接斩断了那根维系了数百万年的进化铁链。

1960 年 5 月 9 日，当美国食品药品监督管理局（FDA）正式批准 Enovid 作为口服避孕药上市时，人类在漫长的进化史中，第一次成功地“黑”（Hack）进了自己的生理底层代码。[94]

避孕药的出现，在历史上最彻底地实现了“欲望”与“繁衍”的完全解绑。多巴胺与睾酮带来的浪漫与激情，终于不再死死绑定着催产素驱动的依恋系统，也不再以牺牲女性的生命健康或强制绑定一段漫长的抚养责任为高昂代价。性行为从一项高风险的基因繁衍任务，被不可逆转地降维成了单纯的、可以被安全享受的娱乐活动。

当“性必然导致不可控的怀孕”这个底层逻辑被抽离时，几千年来建立在生殖恐惧上的传统道德观、对女性欲望的严苛压抑，以及为了确保“父性确定性”而构建的庞大父权制度建筑，瞬间失去了最坚实的生物学支撑而轰然倒塌。女性不再需要用压抑欲望来换取生存保障，更不需要将命运交由一次意外受孕来裁决。这场由一颗小小药丸引发的观念革命，直接改写了人类两性互动的底层规则。

但是，进化的剧变从来不会只停留在卧室的门内。当女性终于可以将青春与精力从无休止的生育恐惧中解放出来时，这股积蓄了数千年的巨大能量，

---

93 第一代口服避孕药 Enovid 的核心机制在于利用高剂量的合成孕激素（Progestin）欺骗大脑，使其误以为身体已经怀孕从而停止排卵。这一“假性怀孕”的策略由平卡斯和张明觉在动物实验中率先证实。Eig, *The Birth of the Pill*, 105-115.

94 1960 年 5 月 9 日，美国食品药品监督管理局（FDA）正式批准了 Enovid 的避孕适应症。历史学家伊莱恩·泰勒·梅指出，这一历史性时刻既是医学的重大突破，也是彻底改变女性对自身生育控制权的里程碑事件。Elaine Tyler May, *America and the Pill: A History of Promise, Peril, and Liberation* (New York: Basic Books, 2010), 20-25.

立刻冲破了家庭的围墙。这场由避孕药引发的生理自由，即将演变为一场席卷全球的经济海啸，对人类维系了上万年的"供养者"模式发起史无前例的降维打击。

第三节 职场突围："供养者"模式退场

在二十世纪六十年代初的大学校园和写字楼里，这场生理革命引发的经济涟漪清晰可见。一位就读于顶尖学府的年轻女性如果梦想成为外科医生或律所合伙人，她面临的是一个几乎注定失败的赌局。医学或法学训练动辄需要近十年的高强度投入，而在缺乏可靠避孕手段的年代，她职业生涯的整条上升通道，随时可能因为一次意外怀孕而彻底中断。

在那个"生理结构即命运"的时代，社会文化对女性的规训并非完全出于恶意的压迫，其底层逻辑是极其冷酷的经济学演算：在无法控制生育概率的前提下，向女性身上进行长期的、高昂的专业教育投资，是一项风险极高而回报极不稳定的行为。因此，那个时代对年轻女性最理性的生存建议，不是去打拼事业，而是在自己年轻貌美、生育价值最高的时候，尽快在婚恋市场中锁定一个可靠的"供养者"。

事实上，在避孕药普及之前，女性在经济上的弱势除了源于生理风险，还受到整套社会和法律系统的严密结构性封锁。就在 20 世纪 70 年代的美国，也就是避孕药开始大规模流行的同一时期，许多银行依然拒绝向单身女性发放信用卡；如果一位女性想要申请房屋贷款，她通常被要求提供父亲或丈夫的联合签名。在这样一个连基本金融工具都对女性关上大门时代，即使女性能够幸运地获得一份收入，她也无法真正实现经济独立。这种系统性的排斥，进一步加固了婚姻作为"经济避风港"的唯一合法性。[95]

这种"供养者"模式绝非近代社会的产物。正如第四章所剖析的，自从农业革命将人类锁死在土地和私有制上之后，人类的择偶市场就确立了一套极其坚固、运转了上万年的核心交易模型：女性以自身的生殖价值和家庭劳动，去交换男性的生存资源与物理保护。在这个漫长的历史阶段，"男主外、女主

[95] 直到 1974 年美国通过《平等信用机会法》(Equal Credit Opportunity Act)，单身女性和已婚女性才真正在法律上获得了独立申请信用卡和贷款的权利。在此之前，金融机构普遍要求女性提供男性亲属的担保。Gail Collins, *When Everything Changed: The Amazing Journey of American Women from 1960 to the Present* (New York: Little, Brown and Company, 2009), 150-155.

内”从来不是单纯的文化偏好，而是人类在恶劣自然与社会环境中赖以生存的绝对基石。一个失去男性供养的女性，往往面临着直抵生存底线的贫困威胁。因此，在漫长的历史长河中，婚姻首先是一纸冷酷的生存契约，其次才是生育的合法容器，至于爱情，那只不过是极其罕见的奢侈品。

然而，避孕药的轰然问世，直接在这座万年堡垒的底部引爆了炸药。

今天的大众流行文化在回顾 20 世纪 60 年代的社会文化思潮时，往往喜欢将焦点对准伍德斯托克音乐节上的青年文化以及满天飞舞的和平标志。但在冷峻的经济学家眼中，避孕药所引发的最深远的社会革命，根本不在这些浪漫化的表象里，而是在写字楼和大学校园中。

避孕药为女性提供了一种人类历史上前所未有的超能力：对自身生物学时间线的绝对控制权。

这是人类进化史上的一个决定性转折。当年轻女性每天吞下那颗白色小药丸时，她实际上是在给自己购买一份确定性极高的“职业保险”。她第一次可以看着长达七八年的医学、法学或商业管理学位说：“我能够完成它。”生育不再是随时可能从天而降、打乱一切计划的盲盒，而是变成了一个可以被精准规划、甚至无限期推迟的选项。

这种生理层面的可控性，立刻在宏观经济数据上掀起了惊涛骇浪。从 20 世纪 70 年代开始，西方社会女性的初婚年龄开始以肉眼可见的速度推迟。正如诺贝尔经济学奖得主克劳迪娅·戈尔丁所指出的，避孕药让女性实现了一次从“工作”（Job）到“事业”（Career）的跨越。在过去，年轻女性打工往往只是为了在结婚前攒一点嫁妆，那是一份随时可以为了家庭而放弃的“工作”。但由于生育时间实现精准控制，她们开始大规模涌入研究生院和高等专业学府，系统性地投资于自己的人力资本，去建立能够伴随一生的“事业”。她们不再需要将人生的希望寄托在投资一个潜力股丈夫身上，而是直接将资源投资于自己。[96]

当越来越多的女性手持高等学位，浩浩荡荡地跨入劳动力市场，并开始赚取足以支撑自己独立生活的薪水时，一场针对人类古老择偶底层逻辑的颠

[96] 诺贝尔经济学奖得主克劳迪娅·戈尔丁（Claudia Goldin）与其合作者的经典研究证明，避孕药的普及直接降低了女性投资长期专业教育的风险。通过推迟结婚和生育，女性得以大规模涌入法学、医学等高薪专业领域，从根本上重塑了劳动力市场和传统的婚姻经济学模型。Claudia Goldin and Lawrence F. Katz, “The Power of the Pill: Oral Contraceptives and Women's Career and Marriage Decisions,” *Journal of Political Economy* 110, no. 4 (2002): 730-770.

覆性冲击随之降临。

万年以来，男性在择偶市场中最大的底牌、最核心的进化资产，就是他们获取和分配资源的能力。无论是一个能扛回猛犸象腿的远古最佳猎手，还是一个坐拥良田千顷的农业时代地主，亦或是一位华尔街的现代高管，他们在女性眼中闪烁着同一种诱人的光芒——生存的绝对安全感。数百万年的进化程序，将这种对资源提供者的青睐，死死地刻在了女性的基因深处。

但是，当女性能够自己狩猎猛犸象，自己购买房产，自己为自己的医疗和养老买单时，这张在择偶市场上通行了万年的男性王牌，突然间大幅贬值了。

如果传统意义上的"供养者"光环已经暗淡，如果女性在经济上已经实现了完全的自给自足，那么人类那套古老的择偶算法就必须进行一场彻底的系统升级。当一位女性能够靠自己买下所有她需要的面包时，进化心理学就必须去回答一个全新的问题：那些实现了经济独立的现代女性，在择偶市场里到底在寻找什么？

第四节 慕强终结：择偶偏好的现代重塑

在现代都市的高级餐厅里，经常上演着这样的相亲局：一位在写字楼里担任项目总监的三十岁女性，对面坐着一位经人介绍的相亲对象。男方履历光鲜，是某知名投行的副总裁，名下有数套房产。如果按照人类过去一万年的标准，这绝对是一个"满分"的阿尔法男性（Alpha Male），是无数女性梦寐以求的顶级供养者。然而，面对男方滔滔不绝地谈论自己的投资回报率和限量版跑车，这位女总监内心不仅毫无波澜，甚至感到一丝厌倦。回到家后，她礼貌地发了一条"大家不太合适"的微信。

在人类漫长的演化史中，这种拒绝是极其反直觉，甚至可以说是"反进化"的。

在二十世纪八十年代末，正当西方社会沉浸在"男女差异完全是后天社会文化塑造"的社会建构主义（Social Constructivism）思潮中时，进化心理学的先驱戴维·巴斯（David Buss）进行了一项史无前例的跨文化择偶偏好研究。为了彻底排除单一文化的影响，他调查了全球六个大洲、三十七种不同文化背景下的上万名受访者，试图找出人类择偶算法真正的"出厂设置"。

研究结果犹如一颗重磅炸弹，无情地击碎了所谓人类心智生来是一张白纸的“白板说”。数据惊人地一致：无论是在高度发达的现代都市（如纽约、巴黎），还是在非洲依然保持传统生活方式的部落，甚至是在文化习俗迥异的中东地区，女性在择偶时，都普遍且显著地比男性更看重伴侣的“经济前景”、“社会地位”以及“野心与勤奋”。相反，男性则在所有文化中都更看重伴侣的年轻与身体吸引力。这绝非偶然的文化巧合，而是跨越地理和种族界限的、刻在智人基因深处的进化签名。[97]

这并不是因为女性天生物质或贪婪，而是因为这套被称为“慕强”的心理机制，是百万年物竞天择留下的最优生存策略。在那个连抗生素都没有的漫长前工业时代，一次生育就意味着女性可能失去劳动能力，甚至面临死亡风险。人类婴儿极度无助的“次级晚熟”特性，更需要持续多年的高强度资源投入。在这样的生死考验面前，“爱情”是奢侈的，“资源”才是硬通货。女性的大脑被迫进化出了一套极其敏锐的雷达，这套雷达将男性的资源获取能力、野心和领地控制力，直接转化为强烈的荷尔蒙吸引力。因为在远古的荒野或传统的农业村落中，选错了一个无法提供供养的伴侣，往往意味着母子俩将在下一个严冬被冻死或饿死。

然而，正如那位毫不犹豫拒绝投行副总裁的女总监所展示的，当现代女性彻底卸下沉重的“生存焦虑”，不再需要为了生存去交易情感时，这套完美运行了数百万年的择偶算法便遭遇了系统级别的重塑。从进化的尺度来看，这仅仅发生在过去的五六十年间，相当于智人进化史上的短短一瞬。

当生存的警报解除，女性的择偶偏好开始从“生存防御型”全面转向“自我实现型”。

随着女性自身资源水平的提高，传统“供养者”特质在她们择偶清单上的绝对统治地位开始无可挽回地动摇。取而代之的，是那些在过去漫长历史中被视为“非必需品”甚至“奢侈品”的特质：高情商（能够提供共鸣与情绪价值）、沟通能力、平权观念（愿意分担家务和育儿），甚至是最纯粹的身体吸引力。

这是一种极为有趣的进化回拨。在自然界其他许多哺乳动物中，雌性由于自己就能觅食抚育后代，在挑选配偶时往往只看重雄性的“好基因”（比如

97 进化心理学家戴维·巴斯在这项经典的跨文化研究中证实，尽管文化背景迥异，女性普遍比男性更看重伴侣的经济前景与社会地位，这为人类择偶偏好的进化起源提供了强有力的跨文化证据。David M. Buss, “Sex Differences in Human Mate Preferences: Evolutionary Hypotheses Tested in 37 Cultures,” *Behavioral and Brain Sciences* 12, no. 1 (1989): 1-49.

孔雀华丽的尾羽、雄鹿强壮的鹿角），也就是纯粹的生理吸引力和健康指标。人类女性在经历了漫长农业社会的经济压抑后，随着经济独立的实现，对男性外貌、身材和性魅力的要求正在显著上升。当经济资源不再是核心议题，性吸引力的优先级自然被重新激活。这也是为什么在现代社会，“情绪价值”和“八块腹肌”能够成为社交媒体上女性谈论择偶时的最高频词汇。同时，高收入女性越来越倾向于寻找能够提供智力共鸣和精神支持的伴侣（即**同类婚配**，Assortative Mating），而不再仅仅满足于一个能在银行账户上碾压自己的“霸道总裁”。[98]

但是，进化从来不是一条单向的直线。就在我们在经济和观念上高歌猛进地追求解放时，避孕药这场伟大的生理欺骗，还在人类的身体深处埋下了一个极其隐蔽、甚至略带讽刺意味的生物学“漏洞”。

这涉及到一个在进化生物学中极为迷人的领域：**主要组织相容性复合体**（MHC，Major Histocompatibility Complex）。MHC 是一组与免疫系统密切相关的基因，它赋予了每个个体独一无二的生物学指纹——体味。早在 1995 年，瑞士生物学家克劳斯·韦德金德（Claus Wedekind）就进行了一项著名的“汗味 T 恤实验”。他招募了 44 名男性和 49 名女性。男性被要求使用无气味的肥皂连续穿同一件 T 恤两个晚上，以收集纯粹的原始体味。随后，女性被安排在一个装满纸盒的房间里，通过蒙眼闻这些 T 恤来评估气味的“吸引力”和“性感程度”。

实验结果揭示了人类嗅觉中隐藏的古老择偶密码：在自然状态下，处于排卵期的女性，会不可抑制地迷恋上那些与自己 MHC 基因差异巨大的男性体味。这是一种极其精妙的进化防御机制——选择与自己免疫基因差异大的伴侣，不仅能最大程度地避免近亲繁殖，还能赋予后代更广泛、更强大的免疫系统库，以抵抗各种未知的病原体。在人类的潜意识里，“免疫学差异”闻起来就是无可抗拒的“性感”。[99]

---

[98] 随着社会性别平等的推进和女性自身经济地位的提升，进化心理学中的“结构性无权假说”得到了验证：当女性获得更多资源时，她们对男性经济提供能力的看重程度会相对下降，而对平等、性格及生理吸引力的关注度则相应上升。Marcel Zentner and Klaudia Mitura, “Stepping Out of the Caveman’ s Shadow: Nations’ Gender Gap Predicts Degree of Sex Differentiation in Mate Preferences,” *Psychological Science* 23, no. 10 (2012): 1176-1185.

[99] 瑞士生物学家克劳斯·韦德金德著名的“汗味 T 恤实验”首次揭示了人类在无意识中通过嗅觉偏好 MHC 差异以优化后代免疫系统的生物学机制。Claus Wedekind et al., “MHC-Dependent Mate Preferences in Humans,” *Proceedings of the Royal Society B: Biological Sciences* 260, no. 1359 (1995): 245-249.

然而，避孕药彻底扰乱了这套古老且精准的嗅觉雷达。

还记得避孕药的核心机制吗？它通过合成激素在女性体内模拟出一种持续的“假性怀孕”状态。对于一个正在自然怀孕的远古女性来说，她此时最不需要的就是去寻找新的交配对象（即 MHC 差异大的男性）。相反，在极其脆弱的孕期，她最需要的是安全的环境、亲人的照顾和部落的庇护。因此，处于怀孕状态（或被药物模拟的怀孕状态）的女性，其嗅觉偏好会发生惊人的 180 度大反转：那些曾被视为性感的、差异巨大的基因气味瞬间失去了魔力，她们反而会觉得那些与自己 MHC 基因相似的体味（类似于兄弟等亲属的气味）让人感到异常安心、舒适和值得依赖。

这就导致了一个在现代都市中频繁上演，却鲜为人知的生物学悲剧。

想象一位年轻女性，在长年服用口服避孕药期间，依靠着自己被药物修改过的嗅觉雷达，遇到了一位让她觉得“气味相投”、充满安全感的伴侣。他们相爱、结婚，一切看起来都完美无缺，男方不仅情绪稳定，而且身上的味道总是让她感到无比踏实。直到几年后，为了准备孕育下一代，她决定停用避孕药。

随着合成激素从体内撤退，她的大脑从虚假的“怀孕模式”瞬间切换回了真实的“生育模式”。古老的、寻找 MHC 差异的嗅觉雷达被重新激活。但就在这时，她可能会惊恐地发现，躺在身边那位曾经让她感到无比安心的丈夫，他身上的气味突然变得令人烦躁，甚至带有某种本能的排斥感——因为在被唤醒的原始基因雷达看来，丈夫的气味太像“亲兄弟”了。

许多现代婚姻在准备生育时遭遇的所谓“激情褪去”、“七年之痒”或“性欲骤降”，并不完全是因为日复一日的生活磨灭了感情，而很可能是避孕药停止后，身体底层代码发生的一场迟到的“免疫学排斥”。根据一些后续的追踪研究，那些在服用避孕药期间选择伴侣的女性，在停药后不仅更容易报告对伴侣性吸引力的下降，甚至连怀孕的难度（由于免疫相似性过高导致的隐性流产率）都可能轻微上升。我们用科技解绑了繁衍与快乐，却在不知不觉中，让科技接管并篡改了我们最原始的化学吸引力。[100]

---

100 进化生物学家克雷格·罗伯茨（S. Craig Roberts）等人的追踪研究表明，口服避孕药不仅会改变女性对 MHC 基因相似度的嗅觉偏好，还可能导致这些女性在停药后面临对伴侣性吸引力下降的问题，从而影响长期的婚姻满意度。S. Craig Roberts et al., “MHC-Correlated Odour Preferences in Humans and the Use of Oral Contraceptives,” *Proceedings of the Royal Society B: Biological Sciences* 275, no. 1652 (2008): 2715-2722; S. Craig Roberts et al., “Relationship Satisfaction and Outcome in Women Who Meet Their Partner While Using

科技与经济的双重赋权，让现代人在择偶时彻底抛弃了古老的“生存防御”策略。但当沉重的经济底座被抽离，当最原始的化学指纹被药物扭曲，现代亲密关系便只能悬浮于脆弱的“浪漫”与情绪价值之上。这种剥离了生存刚需的自由，并未带来预想中的乌托邦，反而让现代人陷入了一种全新的迷茫——仅靠多巴胺维系的情感纽带，远比想象中更加不堪一击。

第五节 自由代价：脱离经济的脆弱羁绊

在如今的离婚法庭上，越来越频繁地出现这样一种典型案例：女方收入丰厚、事业有成，主动提出结束婚姻，而男方则满脸困惑，无法理解自己“努力赚钱养家”，为何依然落得被抛弃的下场。当女性在职场中不再需要依靠“供养者”时，现代男性正经历着一场极为痛苦的进化错位。

在过去的数百万年里，男性的进化成功几乎完全建立在一个单一指标上：提供资源与物理保护。无论是扛回猛犸象后腿的远古猎手，还是拥有肥沃土地的农业地主，进化的程序将男性的自我价值与“供养者”角色进行了死绑。男性的心理机制、社会地位乃至多巴胺奖赏回路，都深深根植于这种“被绝对需要”的体验之中。只要能提供食物和安全，男性就在择偶市场中拥有了绝对的底气。

然而，当社会以令人炫目的速度步入现代，这种刻在基因里的英雄主义剧本突然失去了舞台。面对经济完全独立的现代女性，许多男性突然感到手足无措：如果不需要“供养”，自己还能提供什么？他们陷入了一种被称为**“进化时滞”**（Evolutionary Lag）的心理困境。他们的硬件仍然是一台为更新世配置的机器，满载着保护欲和领地意识，但社会软件却已升级到了数字平权时代。当引以为傲的生存资源不再是换取女性忠诚的绝对筹码，当城市丛林中再也找不到需要拔剑拯救的“落难少女”时，一种深层的雄性焦虑与结构性无力感开始蔓延。[101]

传统的“男强女弱”剧本彻底失效。许多人在巨大的迷茫中退回到防御

Oral Contraception," *Proceedings of the Royal Society B: Biological Sciences* 279, no. 1732 (2012): 1430-1436.

101 进化心理学中的“进化时滞”（Evolutionary Lag/Mismatch）理论指出，人类的大脑和心理机制是为适应远古更新世（Pleistocene）环境而演化的。当这套古老的“硬件”遭遇发展过快的现代社会环境时，往往会产生严重的心理适应不良，这在现代男性由于“供养者”角色丧失而引发的认同危机中表现得尤为明显。David M. Buss, *Evolutionary Psychology: The New Science of the Mind* (Boston: Pearson, 2015), 45-48.

姿态，试图用大男子主义维持摇摇欲坠的权威；或者干脆退出竞争，沉浸在虚拟游戏提供的廉价多巴胺中，去获取虚幻的征服感。

但男性的迷茫仅仅是巨变的一个侧面。更深层的地震，发生在“关系”本身的底层结构上。

从前工业时代回溯到远古洞穴，维系长期关系的从来都不是虚无缥缈的爱情，而是冷酷的生存刚需。那是一份基于资源互换与共同抵抗风险的经济契约。这种契约虽然沉重，却有着令人惊叹的稳定性——因为解散契约往往意味着灭顶之灾。

科技与经济的双重赋权，毫不留情地抽走了这块底座。避孕药不仅解绑了性与繁衍，更解绑了婚姻与生存。

当一段关系不再关乎下一顿饭在哪里，它就只剩下一个纯粹的心理学功能：情绪价值与浪漫体验。人类历史上第一次，试图把一生的承诺建立在极其主观的“感觉”之上。[102]

毫无疑问，我们获得了前所未有的婚恋自由。但这自由的代价是，现代亲密关系被迫建立在流沙之上。

冷酷的生物学早就给出过警告：由腹侧被盖区（VTA）和尾状核等古老奖赏回路参与的浪漫系统（Romantic Love System），本质上是对新奇刺激的神经化学反应。驱动浪漫爱情的多巴胺，是一种极其短视且容易疲劳的神经递质。它热衷于追逐与预期，却对已拥有的事物极快地感到厌倦。当几十年的长期关系纯粹依赖这种寿命短暂的化学物质时，其脆弱性可想而知。[103]

既然没有任何生存强制力能将两个人继续捆绑，一句轻飘飘的“我没感觉了”，就足以摧毁一段婚姻。

更致命的是，正如我们在上一章所探讨的，这种情感羁绊的脆弱性在“选择的悖论”面前被放大了无数倍。

---

[102] 心理学家伊莱·芬克尔在其著作中提出了婚姻演变的三个阶段：从“实用主义时代”（满足生存需求）到“基于爱的时代”（满足情感陪伴），再到现代的“自我表达时代”。这种将婚姻功能拔高到个人心理实现层面的转变，使得现代婚姻既可能达到前所未有的幸福高度，也变得极度脆弱。Eli J. Finkel, *The All-or-Nothing Marriage: How the Best Marriages Work* (New York: Dutton, 2017), 20-25.

[103] 神经科学家海伦·费舍尔（Helen Fisher）通过脑成像研究发现，“浪漫爱情”在人类大脑中主要由富含多巴胺的腹侧被盖区（VTA）等古老区域驱动。这套系统在进化上是为了促使个体集中精力追求特定的交配对象，其本质特征就是强烈、短视且容易因为习惯化而衰退。Helen Fisher, *Why We Love: The Nature and Chemistry of Romantic Love* (New York: Henry Holt and Company, 2004), 51-55.

当我们在熟人社会中受制于生存压力时，极有限的选项和高昂的重置成本迫使我们成为安分的“满足者”。但在今天，当避孕药和经济独立彻底解除了我们的生存焦虑，让我们准备全身心去寻找那个“完美契合”的灵魂伴侣时，我们在大都会无限的选择池中，不可避免地彻底沦为了贪婪的“最大化者”。[104]

剥离了经济底座的现代爱情，本质上成为了一场永无止境的“最优解”搜寻游戏。我们拿着放大镜审视伴侣，哪怕是一个微小的生活习惯差异，或者一次未能提供完美情绪价值的争吵，都足以成为结束关系的理由。潜意识里总有一个声音在不断低语：别妥协，下一个肯定更好。这种由选择过剩带来的慢性焦虑，正在悄悄侵蚀我们做出承诺的能力。

而在不久的将来，这片广阔无垠的择偶海洋，将被一项新技术以最符合生物学本能的方式呈现。当代表绝对自由的指尖滑动与深谙人性弱点的算法相遇时，我们将彻底沦陷。

在那里，连微弱的依恋都将成为奢侈；现代人无处安放的欲望，将在一块块冰冷的玻璃屏幕上被无限放大、切割与消费，彻底沦为受代码统治的现代择偶角斗场中的燃料。

104 参见第六章对“选择的悖论”的论述。在缺乏经济底座的现代婚姻中，这种对“最优解”的强迫性搜寻极大地加剧了关系的不稳定性。Barry Schwartz, *The Paradox of Choice* (New York: Ecco, 2004), 77-85.

第八章 数字择偶场：无限选择的悖论

第一节 逃离邓巴数：失灵的更新世大脑

设想这样一个极其普通的现代场景。

晚上十一点，房间里只剩下屏幕的冷光。我们的拇指在玻璃屏幕上机械地左滑、右滑。一张脸孔出现，大脑在 0.5 秒内对其下颌线、发际线或一句精心设计的个人简介做出评判，然后将其划入数字虚无。紧接着，另一张脸无缝衔接。短短十分钟内，我们所审视的潜在配偶数量，可能已经超过了我们的狩猎采集者祖先一生中遇到的异性总和。

这就是现代择偶的标准化仪式。然而，当我们的指尖以光纤的速度在无垠的候选池中穿梭时，处理这些面孔的大脑，运行的依然是三十万年前更新世（Pleistocene）的底层操作系统。

这是一个史无前例的错位。

追溯人类演化的漫长岁月，那个曾经极其狭小的“爱欲半径”显得格外清晰。在人类历史的绝大部分时间里，我们的择偶池受到地理和物理现实的严格限制。正如第六章所揭示的，早期人类生活在由几十到上百人组成的血缘或地缘部落中，严格受制于“邓巴数”（大约 150 人的社交网络上限）。

这个数字划定了认知负荷的极限，更成为了祖先择偶边界的绝对铁律。在邓巴数构筑的熟人社会中，每个人都处在一个高度透明、相互连接的网络里。这种环境塑造了人类早期极其特殊的择偶机制：由于候选人数极少，我们的祖先无法承担“选错人”的风险。因此，大脑演化出了一套需要耗费大量时间、依赖多维度信息的长期评估系统。[105]

在那个时代，寻找伴侣从来不是一个在海量陌生人中进行盲选的过程。相反，它是一个基于高密度信息流的缓慢沉淀。我们会观察一个潜在伴侣在长达数年的时间里是如何行事的。我们会看到他在狩猎失败后的挫败与韧性，观察她如何与部落里的长辈互动，评估他们分享食物的慷慨程度，甚至通过近距离的嗅觉去感知免疫系统的兼容性。

更重要的是，部落里的八卦网络构成了最原始也最严密的“背景调查”。一个人是否值得信赖，是否有暴力倾向，是否具备抚养后代的能力，这些信息早已通过部落成员的闲聊被共享和验证。在那种环境中，吸引力绝非仅仅是瞬间产生的视觉冲击，而是由无数个生活细节、社会声誉和长期互动交织而成的复杂网络。

甚至在进入农业社会和工业时代初期，这种小范围的筛选机制依然存在。父母之命、媒妁之言、或者是工厂小镇上的邻里熟人，构成了天然的物理与社会屏障，替年轻男女提前过滤掉了绝大多数不切实际的选项。我们的祖先从不需要处理“选择困难症”。摆在他们面前的、年龄相仿且社会阶层匹配的候选人，通常一只手就数得过来。大脑的这套择偶算法，在信息匮乏且选择有限的环境中，运行得堪称完美。它极其擅长在小样本中深度挖掘信息，通过长期的互动建立起第三章探讨过的那种深厚“依恋”羁绊。

但随后，历史的齿轮开始疯狂加速。

工业革命将人类从熟人社会的“无形束缚”中拔出，扔进了庞大而匿名的陌生人社会；避孕药的诞生，则彻底切断了性与繁衍的强制捆绑，将亲密关系从单一的繁衍任务中解放出来。然而，这所有的变革相较于智能手机的出现，都显得有些温和。互联网和约会软件彻底粉碎了村落的壁垒，甚至碾碎了城市的边界。

突然之间，原本被锁定在特定物理空间内的择偶池，被暴力地撕开了一个通向无限的口子。我们正式进入了择偶的“全球化超级市场”时代。

---

105 关于邓巴数的详细理论背景，请参见本书第六章。此处引用的原始数据来源为：Robin I. M. Dunbar, “Neocortex Size as a Constraint on Group Size in Primates,” *Journal of Human Evolution* 22, no. 6 (1992): 469-493.

这种剧变带来了一个致命的后果，演化生物学家将其称为“演化错位”（Evolutionary Mismatch）。当一种生物的生理或心理特征在其演化的原始环境中具有适应性，但当环境发生急剧变化时，这些曾经的生存优势不仅会失效，甚至会变成严重的生存障碍。[106]

自然界中充满了演化错位的悲剧。海龟幼崽孵化后，本能地会朝着最亮的方向爬行以回到大海。然而，在现代沿海城市，这种古老的本能却驱使它们爬向致命的公路路灯。同样的逻辑也适用于人类对高热量食物的偏好：在食物匮乏的更新世，对糖分和脂肪的极度渴望是维持生存的完美机制；但在充斥着快餐的现代社会，这种本能却引发了肥胖症的全球流行。

当演化错位的悲剧蔓延至爱情领域时，我们在数字择偶场中的种种迷失与痛苦，本质上与海龟走向公路、人类暴食甜甜圈如出一辙。

我们的更新世大脑，根本没有被设计用来处理数以万计的潜在伴侣。当我们在约会软件上滑动时，大脑被迫在一个极其贫乏的信息维度上做出关乎繁衍和依恋的重大决定。这是一种信息维度的“降维打击”。那些在部落时代至关重要的多维数据——气味、微表情、肢体语言、共同的社交网络、长期的性格观察——被彻底剥离。取而代之的，是几张经过精心挑选甚至严重修饰的二维静态照片，以及寥寥数语、充满表演性质的个人标签。

面对这种信息真空和选择过载，大脑那套依赖多感官长期评估的古老算法彻底宕机了。为了避免崩溃，大脑被迫“降级”，采取最粗暴、最节省算力的捷径。

既然无法评估对方的责任心、幽默感或道德底线，大脑就死死抓住那些最容易被视觉捕捉的显性生物学指标和地位信号：清晰的下颌线、腰臀比，或者照片背景里不经意露出的高级度假村。在数字屏幕前，我们不再是立体的个体，而是被还原成一堆等待扫描的生物学参数和阶层代码。这并非因为现代人在道德上堕落，而是极端的认知负荷迫使大脑启动了最原始的视觉过滤网。

一切的根源在于，我们正用一套只适合在非洲大草原上挑选几十个人的古老神经回路，试图处理全球互联网上海量的择偶数据。这就像用老式机械算盘去运行现代最复杂的深度学习模型。巨大的算力缺口与结构性不兼容，最

---

106 “演化错位”理论指出，许多在漫长更新世中帮助我们生存的心理本能，在面临快速变迁的现代数字环境时，不仅失效甚至会引发适应不良。Ronald Giphart and Mark van Vugt, *Mismatch: How Our Stone Age Brain Deceives Us Every Day* (London: Robinson, 2018).

终表现为我们在深夜屏幕前那无法言说的疲惫感。

然而，认知超载仅仅是这场演化错位的第一阶段症状。当一颗携带着古老繁衍本能的大脑，被粗暴地扔进一个去除了社会约束和地理限制的无限池塘时，那套剥离了文化伪装的生物学代码将重新接管一切。

在数字算法的推波助澜下，古老的本能被放大到了一个令人不寒而栗的极端。在这个看似公平、充满无限可能的数字伊甸园中，正悄然游荡着一条名为“赢家通吃”的巨蟒。

第二节 数字马太效应：失控的慕强本能

当一个普通男性在深夜的交友软件上连续滑动上百次却依然颗粒无收时，他或许并没有意识到，自己正身处一个贫富极其悬殊的隐形经济体中。

在经济学领域，有一个被广泛用于衡量社会财富分配不均的指标——基尼系数（Gini coefficient）。它的数值在 0 到 1 之间波动，0 代表绝对的平均主义，而 1 则意味着极其极端的财富垄断。通常情况下，一个经济体的基尼系数如果超过 0.4，就被认为越过了资源分配悬殊的警戒线；若超过 0.5，则意味着结构性的极度不均。

在很长一段时间里，基尼系数仅仅是宏观经济学家书桌上的抽象数据。直到 2015 年前后，一些敏锐的数据科学家和研究人员，开始将这个冷冰冰的经济学模型，套用在了以 Tinder 为代表的现代约会软件上。只不过，这一次他们衡量的不再是货币的分配，而是人类最原始的通货——“喜欢（Likes）”与“右滑（Right Swipes）”。

得出的结论令人震惊。

数据分析显示，在这些主流的数字择偶平台上，男性吸引力分配的基尼系数高达 0.58。如果我们把约会软件看作一个微缩的数字经济体，那么这个“Tinder 经济体”的贫富悬殊程度，不仅远远超过了世界上绝大多数国家的财富不平等，甚至逼近了某些深陷经济危机的边缘国家。在这个虚拟的市场里，没有所谓的中等获益者，只有垄断注意力的极少数，和面临“破产”的绝对多数。[107]

[107] 尽管该数据源自一份非正式的定量研究，但由于其揭示的残酷真相，这一系数在探讨数字择偶的文献中被广泛引用。“Worst-Online-Dater,” “Tinder Experiments II: Guys, unless you are

这种极端的吸引力垄断，在流行文化中常常被粗略地概括为“80/20 法则”：即 80% 的女性注意力，疯狂地集中在头部那 20% 的男性身上。2009 年，老牌约会网站 OkCupid 的数据团队曾发布过一项引发轩然大波的研究。他们通过分析数百万次的用户打分发现：男性对女性外貌的评分呈现出完美的对称“钟形曲线”（即大部分人处于中等水平，极美和极丑的都是少数）；然而，令人不可思议的是，女性用户在给男性打分时，居然将高达 80% 的男性评定为“低于平均水平（below average）”。[108]

尽管社会学家和严肃的数据分析师一再指出，“80/20”只是一个过于简化的启发式（heuristic）标签，真实的择偶动态远比这复杂得多，但这并不妨碍该法则精准地刺痛了数字时代的一个核心真相——现代择偶场正呈现出一种冷酷的“赢家通吃”格局。

在这个由算法和像素构成的海量市场中，一小部分处于金字塔顶端的个体，正在囤积着极其庞大的数字择偶资本，而剩余的大多数，则在“无尽的匹配”承诺下，体验着深刻的隐形与匮乏。

人们很容易将这种残酷的阶层分化归咎于硅谷的贪婪，或者是现代人道德的沦丧和审美的浅薄。然而，若戴上审视人类两百万年演化史的透镜，就会发现，数字屏幕上的这场狂欢与剥夺，本质上并非新鲜事物。它不过是人类一项极其古老的生存本能，在被剥离了物理限制后，迎来的一次极端的“解除封印”。

这项古老的本能，正是前一章深入探讨过的“慕强择偶”(Hypergamy)。

正如第七章所展示的，由于“产科困境”和极度不对称的亲代投资，女性的大脑在漫长的演化中被塑造成了一台极为苛刻的扫描仪。在资源匮乏的更新世，本能地倾向于寻找那些能提供最优质基因和最丰厚生存资源的伴侣，是让后代活过严冬的唯一保障。这种古老的生存直觉，完美解释了为什么在 OkCupid 的数据中，现代女性依然会本能地将 80% 的男性视为“不合格”。这并非出于傲慢，而是那颗停留在更新世的大脑依然固执地认为：做错选择的代价是致命的。[109]

---

really hot you are probably better off not wasting your time on Tinder —a quantitative socio-economic study," *Medium*, 2015.

108 这一引发巨大争议的数据最初发布于 OkCupid 的数据分析博客，随后在其联合创始人克里斯蒂安·拉德的著作中被详细阐述。Christian Rudder, *Dataclysm: Who We Are (When We Think No One' s Looking)* (New York: Crown, 2014).

109 这种因两性生殖成本不对称而导致女性择偶更为挑剔的现象，是演化心理学中的核心理论。

然而，在人类历史的绝大部分时间里，这种慕强本能一直处于一种被强行“刹车”的状态。

在部落时代，受限于邓巴数，一个女性终其一生能遇到的适龄男性极其有限；进入农业社会后，村落的物理边界、社会阶层、门当户对的传统习俗，更是为择偶设下了重重人为的栅栏。即使一个女性拥有再强烈的慕强本能，她也无法越过村头的河流去选择领地的领主。物理空间的隔绝、信息的不流通、以及“父母之命”的社会契约，共同构成了一种强大的“摩擦力”，迫使绝大多数人必须在有限的范围内妥协，接受一个“足够好”的伴侣。

那是充满妥协的几千年，但这种妥协也同时维系了一种相对稳定的单配偶制幻象。

直到约会软件的出现，这股压抑了数百万年的古老力量，终于找到了一个零摩擦的完美释放场。

数字空间彻底摧毁了物理距离和社会阶层的藩篱。当一个用户打开手机时，系统向她展示的，不再是隔壁村铁匠的儿子，而是整个城市、甚至全球范围内经过层层过滤的潜在候选人。算法不知疲倦地将那些面容最对称、身材最健硕、背景最光鲜的档案推送到屏幕的最前端。

在这个没有任何地理阻碍、不需要承担现实社交成本的数字橱窗里，女性大脑中那台古老的扫描仪被彻底激活，甚至陷入了过载。既然往右滑一下就能触及到原本在物理世界中绝对无法遇到的“顶层资源”，那为什么还要向平庸妥协?

于是，慕强本能在这个无摩擦的市场中发生了剧烈的通货膨胀。当所有人都试图伸手去够那个金字塔最顶端的选项时，“80/20”的倾斜便不可避免地发生了。

更致命的是，这场生物本能的狂欢，遇到了一套同样冷酷的数学逻辑——马太效应（Matthew Effect）。

“凡有的，还要加给他，叫他多余；没有的，连他所有的也要夺过来。”这句古老的谚语，正是现代约会软件推荐算法的核心驱动力。硅谷的工程师们设计这些算法的初衷，并非是为了促成一段长久美满的婚姻，而是为了最大化用户的停留时间、点击率和活跃度。

Buss, *The Evolution of Desire,* 3rd ed.

以早期 Tinder 曾使用过的 Elo 评分系统（最初用于国际象棋选手排名的系统）为例，算法是如何运作的？它像一个极其势利的聚会主人，时刻观察着哪些客人最受欢迎。当一个高颜值的档案获得了几个早期的“右滑”后，系统就会迅速提高其 Elo 得分，将其标记为“优质资产”，并以指数级的速度将其曝光给更多的高分用户。每一次右滑，都在为这个档案积累权重，使其在无数个手机屏幕上不断置顶，收割更多的注意力。[110]

相反，如果一个普通的档案在最初的几次展示中被“左滑”拒绝，它的得分就会迅速暴跌。算法会立刻判定其为“低参与度内容”，将其无情地沉入数据库的幽暗深渊。这个用户不仅无缘接触顶层优质候选人，连同等水平的异性也再难遇到。在算法的黑盒里，他们被降级为“不可见”的幽灵。这种算法逻辑，完美地充当了古老慕强本能的数字放大器，将原本只存在于原始人潜意识中的偏好，转化为一行行冷酷的代码，最终铸就了一座牢不可破的数字壁垒。

这就是为什么在这场数字游戏中，金字塔顶端的 1% 能够体验到海量的关注，而底部的 50% 却仿佛在对着一个巨大的黑洞呼喊。人类那复杂的、需要在长期相处中才能显现的幽默感、责任心和道德闪光点，在算法那基于 0.5 秒视觉审判的权重计算面前，显得苍白无力。我们被迫退化成了一堆被系统打分的数字标签。

这种极端不平等的市场，按理说应该会迅速崩溃。如果一家赌场里 80% 的赌客永远都在输钱，而剩下的 20% 虽然赢了钱却嫌弃奖金不够丰厚，这家赌场早就该关门大吉了。

然而，令人费解的是，这个系统并没有崩溃。数以亿计的人依然在不知疲倦地滑动着屏幕。

为什么我们会沉迷于一个如此残酷、胜率极低的游戏？要解开这个谜团，必须离开宏观经济学模型，潜入我们头骨之下更为幽暗的神经回路。因为这些约会软件真正售卖的，从来都不是虚无缥缈的爱情，而是一次又一次精准敲击在多巴胺回路上的生物学电击。

---

110 Tinder 早期的确使用了源自国际象棋的 Elo 等级分系统来量化用户的“吸引力”，这一内部机制在 2016 年被首次媒体曝光证实。Austin Carr, “I Found Out My Secret Internal Tinder Rating And Now I Wish I Hadn’t,” *Fast Company*, January 11, 2016.

第三节 数字斯金纳箱：算法重塑浪漫回路

要理解这场发生在全球数亿块屏幕背后的成瘾机制，视线必须暂时离开硅谷，回到二十世纪中叶一个略显沉闷的动物行为学实验室。

在那里，美国著名心理学家 B.F. 斯金纳（B.F. Skinner）正在进行一项实验。这项研究彻底颠覆了人类对“行为”与“奖励”之间关系的认知。半个多世纪后，它直接演变为硅谷工程师设计约会软件的底层神经学蓝图。

斯金纳设计了一个极其简单却精巧的装置——“斯金纳箱”（Skinner box）。箱子里关着一只饥饿的老鼠，箱壁上安装着一个杠杆。起初，老鼠漫无目的地探索，偶然压下杠杆，只听“咔哒”一声，一颗食物丸掉进食槽。老鼠很快学会了因果关系：按下杠杆，获得食物。

这就是心理学中著名的“操作性条件反射”（operant conditioning）。更新世的狩猎采集生活也充满了这种反射：追踪脚印，就能获得猎物；采摘灌木，就能得到浆果。

然而，斯金纳并未止步于此。他悄悄改变了“强化程序”（schedules of reinforcement），揭示了人类大脑中最致命的弱点。

如果设定为“固定比率强化”（fixed ratio schedule），即每次按压都能毫无悬念地获得食物，老鼠的表现会极其理智。它只在饥饿时按压，吃饱后便转身呼呼大睡，对杠杆完全失去兴趣。这就像去自动售货机买饮料，投币、出水，是一个基于明确预期的无聊交易。没人会对自动售货机上瘾。

但如果将规则改为“可变比率强化”（variable ratio schedule），情况就发生了令人毛骨悚然的质变。在这种模式下，食物的掉落变得完全随机。有时按一次就掉一颗，有时连按十几次什么都没有，有时又突然掉下满满一大把。面对这种不可预测的随机奖励，老鼠彻底陷入了疯狂的强迫症状态。

它不再是为了填饱肚子，而是像着了魔一样，近乎抽搐般地疯狂按压。哪怕已经吃得很饱，哪怕爪子磨破，它依然无法停止。这种通过“间歇性随机奖励”塑造违背生物自我保护本能的强迫机制，被证明是行为心理学中最强大的武器。[111]

---

[111] 这一实验确立了“可变比率强化”作为维持高频重复行为最有效机制的地位，该原理随后被广泛应用于商业设计中。Charles B. Ferster and B. F. Skinner, *Schedules of Reinforcement* (New York: Appleton-Century-Crofts, 1957).

这就是赌场里老虎机背后的核心商业逻辑，也是现代网络游戏让人欲罢不能的底层密码。每一次拉下操纵杆，赌客都不知道等待自己的是满盘皆输，还是头奖倾泻而下的清脆金币声。正是这种纯粹的、令人肾上腺素飙升的“不确定性”，将无数人牢牢钉在赌桌前。[112]

当视线从斯金纳箱和喧嚣的赌场，重新聚焦于深夜发光的手机屏幕时，一种诡异的相似性浮出水面。

仔细观察约会软件的交互逻辑，你会震惊地发现，现代人正在经历一场史上规模最大的斯金纳箱实验。在代码构筑的迷宫里，屏幕前的用户就是那只按压杠杆的老鼠。

照片是诱发欲望的初始诱饵；向右滑动的拇指，就是在执行按压杠杆的机械动作；而那个偶尔弹出的“It’ s a Match!”提示，就是那颗随机掉落的食物丸。

一切都被设计成了最纯粹的可变比率强化。在夜深人静的卧室里，每一次右滑都面临完全不可预测的结果。也许下一个就是灵魂伴侣；也许接下来的五十个都是幽灵档案；也许发出的数百个喜欢都石沉大海。这种将潜在伴侣转化为随机奖励变量的设计，完美契合了斯金纳的发现。更可怕的是，这让我们大脑中古老的“浪漫系统”经历着前所未有的化学电击。

要彻底看清这场算法骗局，我们需要再次审视我们在第三章探讨过的那个古老的化学引擎——多巴胺。正如前文所述，多巴胺不是带来静态快乐的分子，而是产生渴望、预期和动机的分子。

斯坦福大学神经生物学家罗伯特·萨波斯基（Robert Sapolsky）曾引用过一项由神经科学家沃尔夫拉姆·舒尔茨（Wolfram Schultz）主导的经典猴子实验，进一步揭示了这种机制。该实验发现：多巴胺分泌的最高峰，根本不是猴子吃到食物的那一刻，而是灯光亮起、猴子准备去按压杠杆的“期待”阶段。

它在演化中的主要作用就是发出信号：“只要再努力一下，那个巨大的奖励就近在咫尺。”一旦目标达成，多巴胺的任务便宣告结束，其水平迅速回落。

这项实验的第二阶段更为致命。如果猴子获得食物的概率是 100%，多

---

112 麻省理工学院的人类学家娜塔莎·道·舒尔在其长达十余年的田野调查中，详细剖析了赌场如何利用间歇性随机奖励将人类置于“机器迷狂”状态。Natasha Dow Schüll, *Addiction by Design: Machine Gambling in Las Vegas* (Princeton: Princeton University Press, 2012).

巴胺分泌保持稳定。但当研究人员将概率降低到 50%——一半几率有食物，一半几率没有。

在面临 50% 这种最大程度的不确定性时，猴子大脑中的多巴胺分泌量像火山爆发一样飙升到了史无前例的极值。[113]

结论极其清晰：不确定性，是多巴胺的终极燃料。

约会软件的工程师们，冷酷地掌握了这一底层生物学弱点。他们将寻找伴侣这个需要深思熟虑的漫长过程，变成了一场极速运转的抽奖游戏。每一次新面孔加载，那种"下一个可能就是真命天子"的巨大悬念，让腹侧被盖区（VTA）疯狂向外泵出多巴胺。我们被迫处于一种高度亢奋且持续期待的迷狂状态。

这完美解释了数字择偶场中一个荒诞的现象：许多人在经历了成百上千次滑动，终于看到"配对成功"的动画时，往往连一句"你好"都懒得发。相反，他们会迅速关闭窗口，迫不及待地退回主界面，继续滑动。

寻找伴侣这个动作本身，变得比真正找到伴侣更令人兴奋。"滑动"成了唯一的目的，而那个真实的"配对"，仅仅是用来维持继续滑动的燃料。人们以为自己在茫茫人海中寻找爱情，实际上只是在向冷酷的代码乞讨下一剂多巴胺。

这种将亲密关系游戏化的设计，解释了数字时代择偶场中弥漫的空虚感。每一次匹配带来的短暂虚荣心满足，就像一口劣质糖分，能在瞬间点燃多巴胺回路，却根本无法提供维持深度依恋所需的营养。

他人不再是拥有独立人格的同类，而变成了一台台移动的多巴胺分配器。

在这个数字斯金纳箱中，我们被算法巧妙地剥夺了建立深度连接的耐心。那套在更新世草原上演化出的精密神经回路，如今被无情劫持，沦为跨国科技公司财报上不断攀升的"日活跃用户"。

当活生生的人被降维成可供消费的二维卡片，当人类彻底习惯了依靠高频随机刺激来维持情绪运转，一场更为深刻的心理危机随之而来。在似乎拥有了全世界所有选项时，我们惊恐地发现，自己彻底丧失了做出选择的能力。在这片浩瀚无垠的数字择偶池中，一种名为"选择的悖论"的幽灵，正在悄然

---

113 萨波斯基在其著作中详细阐述了舒尔茨的这项实验，以此证明多巴胺本质上是关于预期而非获得，50% 的不确定性是触发多巴胺最高峰的"魔法数字"。Robert M. Sapolsky, *Behave: The Biology of Humans at Our Best and Worst* (New York: Penguin Press, 2017).

扼杀每一段潜在关系的萌芽，并将我们推向无尽的孤立。[114]

第四节 完美伴侣幻觉：选择悖论与物化

设想一个现代人的典型约会之夜。一场晚餐在还算愉快的氛围中结束，双方有着不错的交谈，分享了几个会心的微笑，甚至在告别时还有一个略带羞涩的拥抱。如果是在半个世纪前的熟人社会，这样的开局几乎已经锁定了第二次约会，甚至可能是一段稳固婚姻的起点。在那个时代，人们会带着这种微小的温存在脑海中回味数日。

然而，在今天，剧本往往会发生诡异的转折。当这个人坐上网约车回家的路上，哪怕对刚才的约会对象抱有明确的好感，他们的拇指依然会像受到某种神秘磁场的牵引一般，不受控制地滑开手机，重新点开那个熟悉的火焰图标。屏幕幽暗的光线照亮了他们的脸庞，随着手指的左滑和右滑，刚才那段真实的、带有体温的相处记忆，迅速被一张张高度滤镜化的二维照片所覆盖。

为什么？因为这场约会只算得上"很好"，而不够"完美"。

既然屏幕背后还潜藏着成千上万个未经探索的可能性，谁能保证下一个滑到的对象，不会是一个既拥有同样幽默感、又恰好符合理想身高，甚至连音乐品味和价值观念都完全一致的"完美伴侣"呢？这种在回家的路上继续滑动的强迫性冲动，精准地揭示了数字择偶场中最深层、也最具破坏性的一种心理陷阱。

正如我们在前两章所探讨的，这正是巴里·施瓦茨（Barry Schwartz）所提出的"选择的悖论"（Paradox of Choice）在数字时代的极致体现。[115]

心理学家希娜·艾扬格（Sheena Iyengar）那项著名的"果酱实验"为此提供了直观的注脚：在提供 24 种果酱的试吃摊位前，顾客往往会陷入决策瘫痪（decision paralysis），最终只有 3% 的人购买；而在只提供 6 种果酱的摊位，购买率却高达 30%。更糟糕的是，即使在海量选项中做出了决定，人们也容易陷入"如果选另一种会不会更好"的懊悔中，对最终选择的满意度

[114] 当面临过多选择时，人们不仅更难做出决定，对最终选择的满意度也会大幅下降，这种现象在现代数字择偶中尤为显著。Barry Schwartz, *The Paradox of Choice: Why More Is Less* (New York: Harper Perennial, 2004).

[115] 施瓦茨在《选择的悖论》一书中详细论述了过剩的选项如何引发人类的决策疲劳与焦虑，挑战了传统经济学中"选择越多越好"的古典假设。Barry Schwartz, *The Paradox of Choice*, 43.

大幅下降。[116]

如果说面对几十种果酱时的“选择过载”只是让人感到些许烦躁，那么当这种机制被无缝放大，并残忍地移植到关乎人类情感寄托的择偶场时，其后果堪称一场心理学意义上的灾难。

在数字交友软件构建的那个没有边界的“无限选项池”面前，我们的大脑正在经历一场深刻的评估模式重组。正如前文所述，人类在面对选择时的心理动机被分为“满足者”（Satisficer）和“最大化者”（Maximizer）两种截然不同的类型。

“满足者”拥有一套明确的内在标准，一旦遇到符合这些核心底线的选项，他们就会果断停止搜索，并对自己的选择感到满意。在漫长的农业时代和工业时代早期，受限于狭窄的物理交际圈、阶层壁垒以及严苛的社会规范，绝大多数人类在择偶时都不得不扮演“满足者”的角色。那时候的婚姻往往建立在几个极其朴素的基石之上——身体健康、勤劳肯干、门当户对、或者哪怕只是不让人讨厌。一旦确立关系，停止了对外界其他可能性的张望，双方就会将全部的精力投入到共同生活的建设中去，在漫长岁月的摩擦中培养出深厚的“依恋”。

然而，约会软件那永无止境的候选人列表，正在强行将我们所有人改造成焦虑且永不餍足的“最大化者”。

“最大化者”的终极目标是寻找那个绝对的、数学意义上的“最优解”。在无休止的滑动过程中，他们始终被一种幻觉所支配：只要我再多滑一百次，那个完美无瑕的灵魂伴侣就一定会在这堆像素卡片中浮现。他们试图在脑海中拼凑出一个“弗兰肯斯坦式的完美恋人”——前任的幽默感、网约车上滑到的那个模特的脸庞、以及另一个候选人的丰厚收入。[117]

这种对最优解的偏执追求，彻底扭曲了亲密关系的本质。在最大化者的眼中，潜在的伴侣不再是需要去磨合、去理解的复杂生命体，而被彻底物化成了一件件排列在数字货架上的待购商品。

---

[116] 这项经典的“果酱实验”首次用严谨的实证数据证明了选择过载（choice overload）会显著降低人们的购买意愿与决策满意度。Sheena S. Iyengar and Mark R. Lepper, “When Choice is Demotivating: Can One Desire Too Much of a Good Thing?”, *Journal of Personality and Social Psychology* 79, no. 6 (2000): 995-1006.

[117] “满足者”与“最大化者”是施瓦茨在其著作中发扬光大的核心心理模型（“满足者”概念最早源于诺贝尔经济学奖得主赫伯特·西蒙）。在数字择偶场中，原本占据多数的“满足者”被无穷无尽的选项强行扭曲成了焦虑的“最大化者”。Barry Schwartz, *The Paradox of Choice*, 77-80.

当我们购买一台笔记本电脑时，我们会仔细比对处理器的型号、内存的大小和屏幕的刷新率。如今，我们在约会软件上寻找伴侣时，正在运用完全相同的消费主义逻辑。我们审视对方的年薪、身高、MBTI 人格测试结果、甚至是照片中背景暴露的消费能力。我们试图通过这些参数来预判一段关系的成功率，却忽略了一个致命的事实：一段深刻的亲密关系，是两个不完美的个体在互动中涌现出的化学反应，而不是一系列出厂参数的完美匹配。

当人类被降维成可以无限供给、随取随用的商品时，“瑕疵”就变得绝对不可原谅。在传统的社交环境中，一段关系的建立总是伴随着试错和妥协，我们需要包容对方偶尔的笨拙、糟糕的笑话、或是某种无伤大雅的怪癖。

但在这个以“光速淘汰”为规则的数字丛林里，容错率被压缩到了零。

任何微小的、甚至荒谬的瑕疵——一张角度不佳的照片、一句略显冷场的开场白、一个令人不悦的口头禅、哪怕只是使用了不符合自己审美的手机壳——都足以成为立即终止互动、宣判“死刑”的理由。因为在用户的潜意识里，既然替代品是无限且即时可得的，那么花费时间和精力去修补和包容就是一种极大的资源浪费。“下一个一定会更好”的魔咒，让我们陷入了吹毛求疵的狂热中。

我们不再是关系的“建设者”，而变成了挑剔的“消费者”。我们期待的是一个像智能手机一样开箱即用、完美兼容所有个性化需求、并且绝不卡顿的定制伴侣。我们忘记了真正的依恋（Attachment）是无法被一键下载的，它是需要通过时间的淬炼、共同经历的苦难以及无数次的争吵与和解，才能在神经回路中缓慢锻造出来的。

这种对人类情感的极度物化和消费降级，最终催生了数字时代一种独有的、极其冷酷的社交绝症——“幽灵式分手”（Ghosting）。

当一段刚刚萌芽的对话，或是几次看似美好的约会，突然以一方的彻底消失、不读不回、账号注销而告终时，被抛弃者往往会陷入深深的自我怀疑和痛苦之中。然而，“幽灵式分手”的泛滥，其根源往往不在于个人的道德败坏，而是数字环境对人类共情能力的结构性剥夺。

当我们面对村落里抬头不见低头见的邻居，或是同一个办公室的同事时，终止一段关系需要极高的社会成本与道德勇气。我们必须直面对方受伤的眼神，并承担破坏共同社交网络的风险。但当我们面对的只是一个在几十公里外、由几行代码、几张照片和几句聊天记录拼凑而成的数字档案时，切断联系的“社会摩擦力”被降到了绝对的零。轻轻点击“解除匹配”（Unmatch），那个活生生的人便瞬间从我们的数字宇宙中被彻底抹除，不留一丝痕迹。

幽灵式分手的残忍之处在于，它利用了现代科技的便利，去触发我们更新世大脑中最深层的恐惧。正如我们在第二章探讨早期人类营火法则时所指出的那样，在原始部落里，被同伴毫无解释地切断联系、遭遇排斥和放逐，往往意味着绝对的死亡。因此，大脑的痛苦中枢对“被抛弃”的反应，其剧烈程度甚至等同于真实的身体疼痛。而现在，由于对方被彻底商品化、去人格化，施害者可以毫无心理负担地按下“删除键”，留下受害者独自承受史前大脑那种面对死亡的恐惧。[118]

这种零成本的拒绝机制，进一步强化了伴侣作为“一次性消费品”的错觉。在这场永无止境的数字消费狂欢中，我们在无情物化他人的同时，也不知不觉地物化了自己。我们精心修饰照片，计算每一句自我介绍的投入产出比，伪造出毫不费力的松弛感，试图在这片拥挤的全球货架上把自己包装得更具吸引力，以求被某个挑剔的买家选中。

然而，这场看似赋予了我们无限择偶特权、打破了所有地理壁垒的算法狂欢，最终交付的却是一张极其苦涩的心理账单。

这就是“滑动算法”带来的终极背叛：它向我们兜售了“完美伴侣就在下一次滑动中”的致命幻觉。它让我们沉浸在永不停歇的寻找中，带来极度的决策疲劳，并悄然剥夺了我们停下脚步、建立深度依恋的耐心与能力。

在成千上万次的左滑与右滑之后，那些在数字海洋中不知疲倦地游弋的现代人，并没有抵达浪漫的彼岸。相反，当手机屏幕最终暗下去，映照出自己疲惫、迷茫的面容时，他们所面对的，是比以往任何时代都更加深刻的、深不见底的空虚。

而这，不过是一场更大规模的现代情感瘟疫的序幕。当连接变得前所未有的容易，相爱却变得史无前例的困难，我们必须追问：这种由无限互联所催生的系统性孤独，究竟正在如何重塑人类亲密关系的终局？

---

118 幽灵式分手（Ghosting）已被现代社会学和心理学广泛研究。研究表明，由于数字档案去除了物理摩擦力，这种回避行为不仅极其普遍，其对被抛弃者造成的心理创伤，甚至能激活与真实身体疼痛相同的神经回路。Elisabeth Timmermans, Anne-Mette Hermans, and Suzanna J. Opree, “Gone with the Wind: Exploring Mobile Daters’ Ghosting Experiences,” *Journal of Social and Personal Relationships* 38, no. 2 (2021): 783–801.

第九章 孤独症候群：为何难以相爱

第一节 无痛陷阱：超级连接与深度孤独

在一个典型的现代都市下班场景中：推开公寓的门，熟悉的寂静扑面而来。我们不需要去拥挤的菜市场和摊贩讨价还价，也不需要和室友争论今晚谁来洗碗。只需在手机屏幕上轻点几下，外卖骑手就会在半小时后将热腾腾的饭菜挂在门把手上，全程无需任何语言交流，甚至连眼神交汇都被默契地省略了。我们一边吃着标准化口味的外卖，一边在流媒体平台上滑动着永远看不完的剧集海报。感到有些无聊时，打开手机上的约会软件，熟练地向左或向右滑动屏幕，只需几分钟，我们就在视觉上“审阅”了数十个潜在的浪漫伴侣。在这个平凡的夜晚，社交网络账号上可能有数千个点赞和未读消息，通讯软件里躺着几百个随时可以被唤醒的联系人。从数据上看，现代人比人类历史上任何一个时期的帝王都要更紧密地连接着这个世界。但实际上，我们可能一整天都没有和任何一个活生生的人进行过哪怕一分钟的深度对话，更没有触碰过另一个人的体温。

我们正处于人类历史上前所未有的“超级连接”时代。铺天盖地的光纤网络、无孔不入的无线信号和精心设计的算法，将这颗星球上的八十亿人以前所未有的密度编织在了一起。然而，在这场技术奇迹的背面，是一场悄无声息的心理海啸——在数字世界中越是喧嚣，我们在物理世界中就越是陷入难以言喻的深度孤独。

当目光从个体的单身公寓拉远，通过宏观统计数据俯瞰全球的人口版图时，一幅令人不安的宏大图景正徐徐展开：人类这个物种，正在集体步入一场漫长且酷寒的“人口学冬日”（Demographic Winter）。在过去的半个多世纪里，全球总和生育率（Total Fertility Rate）经历了断崖式的下跌。20 世纪 50 年代，地球上的女性平均会生育近 5 个孩子；而如今，这一数字已经逼近甚至跌破了 2.1 的世代更替水平。今天，全球近 70% 的人口都生活在生育率无法维持人口自然更替的国家和地区中。[119]

东亚高压竞争社会并非这股浪潮的唯一受害者。固然，韩国那令人触目惊心的 0.72 极低生育率，以及日本大量废弃的乡村学校和空荡荡的妇产科医院，经常占据新闻头条。但从欧洲的伦敦、罗马，到美洲的纽约，甚至在曾经以庞大年轻人口著称的拉美与中东部分国家，同一历史进程正在无情推进。结婚率连年跳水，初婚年龄被不断推迟到三十岁之后。曾经被视为社会绝对基石的“核心家庭”（Nuclear Family）正在瓦解。

取而代之的，是“单身独居”（Solo living）作为一种全新的家庭结构，在全球大都市中迅速崛起。[120]

我们似乎正在见证一种违背了基本生物学本能的社会演化。作为一个在数百万年的演化史中，必须依靠紧密的群居协作和旺盛繁衍本能才能在严酷大自然中幸存的物种，现代智人如今却在极度富足的物质条件下，以前所未有的规模和速度，主动选择斩断羁绊，走向个体的绝对孤立。

为什么越容易连接，人类就越难以相爱？答案依然隐藏在上一章所揭示的“演化错位”之中。只不过，这一次在数字深渊中被剥夺的，不再仅仅是择偶的耐心，而是维持所有人际关系的核心要素——“摩擦”（Friction）。

在人类漫长的前工业时代，维持社会网络从来都不是一件轻松惬意的事情。资源的匮乏、恶劣的生存条件以及群体内部的利益博弈，意味着早期人类的人际互动中充满了大量的、不可回避的摩擦。[121]

---

[119] 联合国数据显示，全球总和生育率在过去半个世纪中急剧下降，从 1950 年的 5.0 跌至 2024 年的 2.2。目前，全球已有约 68% 的人口生活在生育率低于世代更替水平（2.1）的地区。United Nations, *World Population Prospects 2024* (New York: United Nations, 2024).

[120] 社会学家艾里克·克里南伯格指出，直到 20 世纪中叶，人类历史上还从未有过大量人口独居的社会形态，而如今单身独居已成为发达国家最显著的人口学巨变之一。Eric Klinenberg, *Going Solo: The Extraordinary Rise and Surprising Appeal of Living Alone* (New York: Penguin Press, 2012), 4–10.

[121] 关于人类由于演化环境急剧改变而产生的生理与心理错位，详见 Daniel E. Lieberman, *The Story of the Human Body: Evolution, Health, and Disease* (New York: Pantheon Books, 2013),

为了生存，人类需要和伴侣日复一日地共同狩猎、采集，在长达数年的时间里共同抚养脆弱的幼崽；需要和族人一起在风雪中寻找庇护所，在面对外敌时毫无保留地把后背交给对方。人们会在分配猎物时发生激烈的争吵，也会在面对疾病和死亡时紧紧相拥。在演化的漫长岁月中，正是这些充满了泥泞、汗水、争吵、妥协与牺牲的摩擦，塑造了我们大脑深处的依恋系统。

神经生物学回路被极其精密地设计成了这样一种机制：只有在共同经历真实世界的困难、产生深度的相互依赖、并在无数次的冲突与和解中最终克服了摩擦之后，大脑才会慷慨地分泌出足够浓度的催产素（Oxytocin）和内啡肽（Endorphins）。这些化学物质如同强效的生物胶水，将两个原本独立的个体牢牢粘合在一起，形成深层羁绊。[122]

在人类漫长的演化史中，摩擦从来都不是关系的副产品；摩擦本身，就是关系的“粘合剂”。

然而，现代社会的底层逻辑，完全建立在对“摩擦”的系统性剿灭之上。现代资本主义和消费主义联手兜售了一个极具诱惑力的乌托邦：极致的效率，绝对的自主，以及完全的“无痛化”。

在这个体系中，一切阻力都被视为系统故障。无处不在的智能手机和万物互联的 App，其核心商业模式无一例外都是为了消除生活中的不确定性、等待以及与其他人类的必然冲突。我们不再需要向邻居借一根葱，因为生鲜电商会在十分钟内送达；不需要在相亲桌上忍受尴尬的沉默，因为算法已经提前筛选了标签匹配的对象。我们被鼓励追求一种“原子化”的自由，一种不需要依赖任何人、也不需要对任何人负责的幻觉般的独立。

这种对“无摩擦生活”的狂热追求，不可避免地蔓延到了最隐秘的亲密关系中。现代社会承诺：人们可以拥有无需妥协的便利，无需承担责任的快感，以及完全由自己掌控的无痛社交。当感到被束缚时，我们可以毫不犹豫地使用“幽灵式分手”（Ghosting）——这堪称是人类历史上最完美、最极致的无摩擦退出机制。只需在屏幕上点击拉黑，一个曾经亲密的人就可以在世界里被瞬间抹杀，无需面对眼泪，无需听取指责，无需经历任何情感拉扯。

---

xi–xv.

122 在人际神经生物学中，共同克服困难和经历摩擦会刺激大脑分泌内啡肽，带来愉悦感和安全感；而催产素则在这种社会联结中起到巩固和加深情感羁绊的作用。Louis Cozolino, *The Neuroscience of Human Relationships: Attachment and the Developing Social Brain* (New York: W. W. Norton & Company, 2014), 185–190.

我们沉醉于这种看似高效且安全的陷阱中，却未曾察觉自己已经失去了什么。当人类彻底剔除了人际关系中所有令人不适的摩擦时，也永远切断了触发深层依恋的生物学开关。没有了共同的生存挣扎，没有了伴随着痛苦的妥协与让步，那颗在风餐露宿中演化出来的古老大脑，根本无法识别这种过于丝滑的现代生活。

没有摩擦，就没有牵绊。

于是一个荒谬至极的悖论在数字时代的大幕下上演了：我们在屏幕前拥有着宛如神明般的社交权力，可以随时随地链接成千上万的陌生人，内心却像是一片久旱的荒漠。轻易获得的、无需付出任何摩擦成本的点赞与匹配，根本无法启动大脑底层的依恋回路。它们就像是水面上的浮萍，看起来连成一片，却没有任何根系可以深扎入土壤。

当真实的关系因为充满了令人疲惫的摩擦而被逐渐敬而远之，当构建深层羁绊的传统路径被现代社会的便利性彻底阻断时，我们的大脑将会遭遇怎样的化学劫持？演化赋予的强烈连接渴望并不会凭空消失。为了填补深不见底的孤独黑洞，安抚依然呼唤着依恋的神经回路，我们别无选择，只能转身跃入数字世界，去追逐那些由精密算法量身定制的、能够瞬间引爆多巴胺的超常刺激。

第二节 快餐亲密：超常刺激与多巴胺劫持

午夜时分，一个人独自面对发光的屏幕，手指在约会软件上机械地滑动，或者在无数个提供高强度视觉刺激的标签页中焦躁地切换。在这个看似极其私密且现代的场景背后，隐藏着一个残酷的生物学真相。这一切可以追溯到 20 世纪 50 年代，一种名为蛎鹬（Oystercatcher）的海鸟所展现出的奇特行为。

荷兰生物学家尼古拉斯·廷伯根（Niko Tinbergen）在野外观察这种在沙滩筑巢的鸟类时，进行了一个恶作剧般的科学干预：他在鸟巢旁边放置了一个尺寸大得惊人的石膏假蛋。这个假蛋体积是真实鸟蛋的五倍，并且涂满了极其鲜艳夸张的斑点。

按照常理，任何有基础认知能力的生物都应该认出这个巨大石膏球是一个骗局。

然而，令人震惊的一幕发生了：当母鸟返回时，它看都没看亲生的小鸟蛋一眼，而是径直走向了那个夸张的假蛋。由于假蛋实在太大，母鸟根本无法安稳地坐在上面，只能滑稽地张开双翼，徒劳地试图用体温去温暖那块冰冷的石膏。而它真正的后代，则被凄凉地遗弃在冷风中。

廷伯根将这种现象命名为**"超常刺激"**（Supernormal Stimulus）。

他指出，动物大脑在漫长演化中，被粗糙地设定为对某些特定的生存"信号"做出本能反应。对于蛎鹬而言，巨大的体积和鲜艳的斑点就是代表健康后代的高质量信号。当自然界出现一个人为人造的"超常版本"时，动物那古老而简略的神经回路就被瞬间劫持了，只能不可遏制地将全部精力倾注在虚假的刺激源上。[123]

当我们以一种充满高级智慧的悲悯眼光，看着那只在石膏球上滑倒的母鸟时，往往忽略了一个残酷的事实。

在今天这个由高分辨率屏幕、宽带网络和精密算法构成的数字时代，我们同样是一群被困在沙滩上的蛎鹬。只不过，我们面对的超常刺激不再是涂着颜料的石膏，而是现代社会为人类大脑量身定制的"数字彩蛋"；而被劫持的，是我们深藏在颅骨之下的奖励中枢——中脑边缘多巴胺通路（Mesolimbic Dopamine Pathway）。

由于繁衍是物种延续的最高级任务，大自然在我们的神经回路中为"性"赋予了极高的多巴胺权重。但在自然环境下，要获得一次真实的亲密接触，个体需要付出极其高昂的生物学成本：维持复杂的社群网络、展现生存价值、投入大量情感，最重要的是，必须克服物理空间上的绝对距离与不可避免的社交摩擦。

自然界中的"求偶驱动系统"（Lust System），永远是建立在高摩擦、高成本且充满挫败感的基础之上的。

然而，20 世纪末互联网的普及，彻底摧毁了这种历经百万年才建立起来的微妙平衡。

现代成人视觉娱乐工业完美地充当了针对人类求偶系统的超级石膏蛋。它剥离了真实亲密行为中所有的前戏、沟通、汗水、妥协以及被拒绝的风险，

---

123 动物行为学家尼古拉斯·廷伯根在 20 世纪 50 年代提出了"超常刺激"的概念，用来解释动物本能如何被夸张的人造信号所劫持。Nikolaas Tinbergen, *The Study of Instinct* (Oxford: Clarendon Press, 1951), 45–48.

直接将最刺激的视觉信号提纯。当我们盯着屏幕时，光纤网络正以光速将极具视觉冲击力的高清画面直接泵入视网膜，直达大脑深处的腹侧被盖区（VTA），引发一场多巴胺的海啸。[124]

更致命的是，数字世界提供了一种在自然界绝对不可能存在的资源：无限的新奇感。

正如我们在前文探讨过的**“柯立芝效应”**（Coolidge Effect），演化极度鼓励对新奇交配对象的渴望，这本是大自然为了促进基因传播而设计的底层代码。在几十人的原始部落中，新奇的交配对象极其稀缺；但在如今的数字世界里，只需轻轻滑动屏幕，大脑在几分钟内就能接触数百个完美的虚拟伴侣。[125]

这种违背自然物理规律的超高频刺激，对人类的神经系统是一场灾难性的降维打击。

当大脑长期暴露在狂暴的多巴胺洪流中时，神经可塑性防御机制就被迫启动。为了保护脆弱的神经元不被过度兴奋所“烧毁”，奖励中枢会残忍地下调多巴胺受体的数量和敏感度，这在医学上被称为**脱敏反应**（Desensitization）。[126]

其结果是毁灭性的。

由于多巴胺受体变得迟钝，曾经能让我们感到兴奋的日常事物，如今变得索然无味。当一个人的神经回路已经被高频切换的视听盛宴彻底撑大后，现实生活中那个有着真实体味、偶尔会发脾气、需要花时间去磨合的真实伴侣，就变得如同那颗颜色灰暗的真实鸟蛋一样，再也无法激起足够的神经波澜。我们正在用高强度的虚拟快感，亲手扼杀对真实肉体相亲的欲望。

这种数字化的神经劫持在摧毁底层求偶驱动力的同时，也同样精准地侵蚀了由多巴胺主导的“浪漫系统”（Romance System）。

在神经人类学家海伦·费舍尔（Helen Fisher）的框架中，浪漫吸引

---

124 神经科学与成瘾研究表明，现代高强度的成人视觉刺激内容能够作为一种“超常刺激”，过度激活大脑腹侧被盖区（VTA）到伏隔核的多巴胺奖励回路。Gary Wilson, *Your Brain on Porn: Internet Pornography and the Emerging Science of Addiction* (Farnham: Commonwealth Publishing, 2014), 22–25.

125 柯立芝效应最初在哺乳动物身上被广泛观察到，指的是雄性在面对新的交配对象时会表现出重新焕发的性冲动，这种机制在数字时代被算法无限放大。Glenn D. Wilson, *The Coolidge Effect: An Evolutionary Account of Human Sexuality* (New York: William Morrow, 1982), 15–18.

126 长期暴露于超常刺激下会导致大脑发生神经可塑性改变，通过下调多巴胺受体来适应过载的刺激，从而导致对日常自然刺激的脱敏。Wilson, *Your Brain on Porn*, 89–92.

（Romantic Attraction）是为了让我们在广阔的求偶市场中，将极其宝贵的能量集中在一个特定的对象身上。它需要我们在眼神交汇、试探性的触碰、患得患失的等待中一点点积累情感浓度。这种延迟满足的过程，正是浪漫之爱的核心引擎，让多巴胺的释放变得持久而深沉。[127]

但现代社交媒体和约会软件，将这种本该深沉且充满拉扯的浪漫追逐，粗暴地降维成了一场极度轻浮的注意力游戏。

约会软件的界面设计本身就是一台极其精密的心理学老虎机。每一次向右滑动、每一次匹配成功的震动反馈、每一次红色的未读消息气泡，都会在大脑中激起一朵微小的多巴胺浪花。我们不需要真正去了解屏幕背后的活生生的人，只需要在虚拟货架上不断地浏览、评判和挑选，享受着将他人商品化的隐秘权力。

这种高频次、低价值的微小刺激，完美地模仿了被爱和被关注的错觉。

社交网络将人类渴望被看见的社会本能，量化成了可以随时统计的点赞数和粉丝量。当人们习惯了在虚拟世界中，通过精心修饰的滤镜自拍和刻意营造的完美人设来获取廉价的情感认同时，现实中那种需要承担沉重责任、面对尴尬沉默、经历真实摩擦的恋爱，就显得太过笨重、低效且充满威胁了。

我们在屏幕前享受着宛如神明般被无数目光注视和挑选的快感，仿佛拥有了整片海洋，却在现实中丧失了去深度爱一个人的耐心与能力。

科技公司用算法和无限下拉的页面，提炼出了亲密关系的“工业糖精”。我们大口咀嚼着这些包装精美的情感垃圾食品，大脑感受到了虚假的饱腹感。然而，当我们关掉屏幕，独自面对深夜公寓的寂静时，那颗依然渴望着深刻羁绊的古老大脑并不会甘心饿死——为了在这场情感的营养不良中活下去，它开始病急乱投医，向着那些完全虚构、单向且绝对安全的情感幻影伸出了绝望的触手。

---

127 海伦·费舍尔通过功能性核磁共振成像（fMRI）研究指出，人类的“浪漫迷恋”系统主要由多巴胺驱动，其演化目的是为了让人类将求偶能量集中于单一对象。Helen Fisher, *Why We Love: The Nature and Chemistry of Romantic Love* (New York: Henry Holt and Company, 2004), 51–54.

第三节 情感代餐：零风险的准社会关系

在一个普通的周末夜晚，一位在陌生大城市独居的年轻人，结束了一周令人心力交瘁的工作。他没有约朋友出门喝酒，也没有打开约会软件去承受潜在的拒绝与尴尬。相反，他熟练地打开流媒体平台，点开了一部已经看了五遍的老情景喜剧，或者进入一个熟悉的视频博主直播间。听着屏幕里传来那些无比熟悉的声音和笑料，看着博主对着镜头亲切地喊出“家人们”，这位年轻人的心跳逐渐平稳。这种现象在心理学上有一个精确的定义：**“准社会关系”**（Parasocial Relationships）。这是一种奇特的单向心理羁绊，受众向媒体人物（如明星、网红、甚至虚构的影视角色）投入大量情感能量，并产生了一种如同对待现实伴侣般的亲密感，尽管对方可能根本不知道他们的存在。早期的社会学家往往将其视为边缘的狂热粉丝现象，或者仅仅是一种无害的娱乐，但随着全球孤独流行病的蔓延，这背后隐藏着一个更为深刻的生物学真相。[128]

如果说充斥着完美肉体和无限左滑右滑的数字约会市场，是对人类“求偶驱动系统”和“浪漫系统”的多巴胺劫持，那么，“准社会关系”就是对最古老、最深沉的“依恋系统”（Attachment System）的一场完美黑客攻击。依恋系统曾是人类生存的绝对底线，它迫使个体必须与整个群体建立起牢不可破的情感纽带，因为落单意味着死亡。然而，当现代社会系统性地消灭了建立深层羁绊所必需的现实摩擦，当真实世界的伴侣关系变得沉重、充满风险或干脆缺席时，那颗因为孤独而隐隐作痛的大脑绝不会坐以待毙。为了填补这份致命的空虚，神经回路展现出了惊人的自我欺骗能力：它开始大规模地向虚拟世界寻找代用品。

纽约州立大学布法罗分校的心理学家杰伊·德里克（Jaye Derrick）提出了著名的**“社会代理假说”**（Social Surrogacy Hypothesis）。一系列严密的实验证明，当人们感到孤独、被排斥或者社交资源匮乏时，会本能地转向喜爱的媒体人物或虚构世界。对于大脑而言，这些虚拟的羁绊绝非无意义的消遣，它们发挥了类似于“社交零食”的作用。在那些饥肠辘辘的孤独时刻，仅仅是思考或观看一个喜爱的角色，就能显著缓解负面情绪，提升自尊，甚至

---

128 “准社会关系”（Parasocial Relationships）的概念最早由社会学家唐纳德·霍顿和理查德·沃尔在 1956 年提出，用以描述大众传媒受众与屏幕形象之间产生的单向亲密错觉。Donald Horton and R. Richard Wohl, “Mass Communication and Para-Social Interaction: Observations on Intimacy at a Distance,” *Psychiatry* 19, no. 3 (1956): 215–229.

在潜意识层面减少与“拒绝”相关的认知激活。[129]

我们的神经生物学硬件在这个过程中被彻底愚弄了。

人类那套极其复杂的社会认知机器，是在一个只有面对面互动的世界里演化出来的。在漫长的几十万年里，如果有人报以微笑、分享秘密，或者展示生活日常，那个人必然是现实生活中极其亲密的部落成员。大脑的演化速度，远远赶不上屏幕分辨率的进化速度。当高清镜头前的网红用温柔的语气倾诉心声，或者影视剧中的角色展现出极具魅力的性格弱点时，大脑深处的镜像神经元和社交回路被瞬间点燃。它根本无法区分这究竟是经过精心编排的剧本，还是真实的社交互动。于是，它毫无保留地动用了原本用于维系亲密关系的依恋回路，将真切的同理心、关心甚至爱意，投射到了屏幕那一端的幻影之上。[130]

这就是为什么当一部连载多年的剧集完结，或者喜爱的博主宣布停更时，人们会体验到一种类似于失恋或丧亲般的真实痛苦，因为在神经化学层面，大脑确实经历了一场依恋关系的破裂。

从演化经济学的角度来看，这种情感代用品具有现实社交无法比拟的巨大优势：绝对的安全。真实的人际关系危机四伏。伴侣可能会背叛，朋友可能会疏远，即使是最稳固的婚姻也充满了日常的争吵、妥协和令人窒息的责任。在这个将“情绪稳定”视为最高美德的现代社会，向一个活生生的人敞开心扉，意味着交出了伤害自己的权力。对于许多在高度竞争环境中精疲力竭的现代人来说，这种脆弱感的成本实在太高了。而“准社会关系”则是一场完美的、零风险的依恋游戏。它是一条永远单向度的高速公路，在这个安全舱里，互动的节奏被完全掌控：需要陪伴时随时打开屏幕，感到疲倦时毫不犹豫地关闭电源。那个被依恋的对象永远不会发脾气，不会提出无理要求，不会批评任何缺点，最重要的是——他们绝对、永远不会拒绝。这种由自己完全掌控的无痛社交，精准地抚慰了现代人那颗既渴望亲密又极度恐惧受伤的心。

---

[129] 社会代理假说指出，当人类在现实世界中体验到孤独或社交排斥时，会利用虚拟媒体人物作为“社交零食”来暂时满足归属感需求并缓解心理痛苦。Jaye L. Derrick, Shira Gabriel, and Kurt Hugenberg, “Social Surrogacy: How Favored Television Programs Provide the Experience of Belonging,” *Journal of Experimental Social Psychology* 45, no. 2 (2009): 352–362.

[130] 神经科学研究表明，大脑中的镜像神经元系统无法轻易区分真实的面对面互动与屏幕上的虚拟情感表达，这使得人类极易对虚拟人物产生真实的共情与依恋。Marco Iacoboni, *Mirroring People: The New Science of How We Connect with Others* (New York: Farrar, Straus and Giroux, 2008).

然而，正如高糖分的零食无法真正替代蛋白质，将准社会关系作为依恋系统的长期代用品，最终会引发更为隐蔽的心理营养不良。演化赋予人类的依恋系统，其核心本质在于双向的信息交换与利益绑定。大自然设计出如此强烈的情感羁绊，是为了让两个个体能够在险恶的环境中相互支撑。在生病发烧时，屏幕里的网红无法递上一杯热水；在面临失业的崩溃时，虚构的超级英雄给不了一个真实的拥抱。

这种单向的情感倾注，短期内像止痛药一样缓解了孤独的阵痛，但同时也抽干了人们在现实中建立真实连接的动力。习惯了零风险、高回报的虚拟依恋后，现实中需要漫长磨合、随时可能遭遇挫折的伴侣关系，就显得极其令人劝退。这形成了一个致命的恶性循环：越孤独，越依赖社交代用品；越依赖代用品，对真实关系的摩擦耐受度就越低，最终更深地退缩回只有屏幕的安全屋中。我们用一堆毫无生命体征的数字代码和商业人设，填满了依恋系统的每一个缝隙。我们看似不再孤独，但在绝对安全的真空中，独自表演着一场永无回应的默剧。当我们把防御伪装成独立，把逃避包装成自由，这种对脆弱感的极度恐惧，正在将现代人的亲密关系推向一个前所未有的死胡同。

第四节 脆弱感赤字：伪装成独立的现代病

阳光照进卧室，两个年轻人从同一张床上醒来。他们一起在楼下的咖啡店喝着手冲咖啡，热烈地讨论最近的电影，甚至分享了各自在工作中的隐秘焦虑与挫败感。从任何外在表现来看，他们都像是一对彼此极度亲密的恋人。然而，当其中一方在愉快的氛围中试探性地问起“下个月的年假我们去哪里玩”，或者“今晚要不要顺便见见我的朋友”时，原本轻松的空气瞬间凝固了。

另一方会立刻像触电般展现出一种礼貌但坚决的退缩。他们脸上的笑容依然完美，但眼神中却闪过一丝不易察觉的警惕，随后用“最近工作实在太忙了，我不确定下个月的时间表”、“我不太喜欢把生活计划得太远”或者最经典的“我们现在这样轻松自在不是挺好的吗，为什么要打破它呢”来温柔地搪塞。他们可能已经保持这种共度周末、分享体温和心事的伴侣状态长达半年之久，却在日常生活中极其默契地避免使用“男朋友”或“女朋友”这种具有排他性和承诺性质的称呼，也绝不涉足对方真实的朋友圈和原生家庭。

在当代都市青年的情感词典中，这种令人啼笑皆非却又无处不在的状态被精准地命名为“Situationship”（无标签关系，或称情境式恋爱）。它代表了一种极度精明的现代生存策略：享受着亲密关系带来的陪伴、性爱与情绪抚慰等一切红利，却坚决拒绝承担任何长期义务、排他性承诺与未来规划。这是一种情感世界里的“零工经济”，一种无需签订正式合同的现代情感快餐。

当镜头从这间略显尴尬的卧室拉远，俯瞰整个现代社会的宏大婚恋图景时，就会发现这种现象绝非几个不愿长大的年轻人的孤例。它犹如某种高传染性的心理病毒，正在全球大都市的单身群体中疯狂蔓延。这背后是一场更为深刻的文化变迁：作为一种曾经必须依靠集体协作才能生存的群居灵长类动物，人类正在经历一场从本能的“相互依赖”到近乎病态的**“过度独立”**（Hyper-independence）的集体心理狂奔。

在心理学家约翰·鲍尔比（John Bowlby）建立的依恋理论经典框架中，人类婴儿在早期的生存环境和养育互动中，演化出了截然不同的依恋模式。那些在稳定、充满回应、需求能被及时满足的环境中长大的个体，往往会形成安全型依恋。在成年后的亲密关系中，他们乐于与他人建立深刻的连接，既不害怕被伴侣短暂地忽视，也不恐惧在关系中失去自我的独立性。而那些在成长过程中经历了情感忽视、虐待或照料者回应极其不一致的个体，则可能发展出焦虑型或回避型依恋。[131]

在人类漫长的部落社会中，回避型依恋——即在面临压力和冲突时本能地切断情感连接、拒绝他人帮助、极度强调自我依靠的心理机制——往往只是一种在极端恶劣环境下的次级情感防御机制。毕竟，在危机四伏的野外，一个拒绝依靠群体的智人下场通常只有死亡。在那个时代，生存的绝对法则就是“相互依赖”；过度强调自我独立，在演化学上几乎等同于自杀。

但在今天高度原子化的社会中，生存的底层逻辑发生了史无前例的倒转。我们创造了一个高度依赖庞大系统（如医疗保险、外卖网络、现代警务）而非具体个人的世界，效率逻辑也随之无孔不入地渗透进了最私密的情感生活。我们的文化开始狂热地歌颂“独立”、“个人边界感”和“情绪稳定”，将任何对他人的深度需求、情感依赖或是在关系中的失控感，都严厉地贬低为一种性格缺陷，甚至被视为一种不可原谅的病态。

在这样的文化语境下，曾经被心理学界视为创伤后遗症或情感防御机制

---

[131] 依恋理论由英国精神分析学家约翰·鲍尔比于 20 世纪 60 年代首次系统性提出，最初用于解释婴儿与照料者之间的情感联结，后被广泛应用于成人亲密关系心理学领域。John Bowlby, *Attachment and Loss. Vol. 1, Attachment* (New York: Basic Books, 1969), 112–115.

的回避型依恋，竟然被现代商业文明和社交媒体包装成了一种极具吸引力、令人趋之若鹜的现代美德。在铺天盖地的“情感博主”和“自我提升”指南中，人们开始将情感上的冷漠、随时可以抽离的决绝，以及对任何深层羁绊的恐惧，误认为是一种高级的独立和清醒。

独立，成了最完美的伪装。

现代约会市场实际上已经演变成了一场人人自危、装备精良的残酷心理战。智能手机里的交友软件在口袋里装入了一个永远没有尽头的虚拟名册，这种由无止境的算法人为制造的**“丰饶心态”**（Abundance Mindset）彻底改变了评估关系的底层经济学逻辑。

在几十人的原始部落甚至几百人的传统村落中，潜在的、年龄相仿的伴侣寥寥无几，一旦两个人建立了连接，双方都有极大的动力和压力去修补裂痕、克服性格摩擦。因为放弃这段关系，意味着面临长期孤独甚至无法繁衍的巨大风险。而在今天，面对着无限滑动的数字屏幕，每个人都被系统时刻暗示着一个极具诱惑力的谎言：下一个右滑的匹配对象可能长得更好看，下一个可能更有钱，最重要的是，下一个可能不需要付出这么多痛苦的妥协和磨合。

这种由技术带来的幻觉般的丰饶，毁灭性地降低了现代人对承诺的门槛。[132]

当看似完美的替代品在屏幕上无穷无尽地涌现时，任何试图在现实中拉近距离的正常尝试——比如要求确认排他性的男女朋友关系、要求在周末拥有更多的时间陪伴、或者仅仅是表达对两个人未来的微小期许——都会在对方的心理防御系统中瞬间触发为一种巨大的“窒息感”和“被控制感”。在现代约会文化的流行词汇表中，这些原本属于建立深层生物学羁绊的正常步骤，被粗暴地贴上了“粘人”、“患得患失”或“过度索取情绪价值”的负面标签。人们像躲避瘟疫一样躲避着深度的情感卷入，生怕在一段随时可能因为对方一次向右滑动而被轻易替换的关系中，成为那个投入了更多沉没成本、因而显得更加脆弱的输家。

因此，当我们看到“幽灵式分手”（Ghosting）和“无标签关系”（Situationships）大规模流行时，就不应再简单地将其归咎于个体的道德败坏或

[132] 现代约会软件的无尽滑动机制人为制造了一种选择过剩的“丰饶心态”（Abundance Mindset），使得人们在面临感情摩擦时更倾向于放弃而非修复。喜剧演员阿兹·安萨里与社会学家艾里克·克里南伯格对此进行了深入的跨学科社会学调查。Aziz Ansari and Eric Klinenberg, *Modern Romance: An Investigation* (New York: Penguin Press, 2015), 89–95.

缺乏责任感。在极高流动性、即用即弃的择偶市场中，这已经成为了一种极其理性的自我保护策略。[133]

如果用经济学的视角来审视，当一个市场充满了极高的不确定性、违约成本几乎为零时，最理性的投资者会选择持有高流动性的现金，坚决拒绝任何长期的资产投资。现代人的情感世界同样在遵循这一冰冷的逻辑。当一段曾经海誓山盟的关系可以在没有任何预警的情况下，仅仅通过一次微信拉黑而瞬间终结时，向另一个人投入真实、毫无保留的情感，就变成了一项风险极高的风险投资。

为了避免在关系破裂时体验到那种深达骨髓的痛苦，现代人演化出了一种极为精妙且悲哀的防御策略：在关系真正开始变得深刻之前，就先在心理上完成撤退。

我们在每一段关系中都小心翼翼地保留着充足的退路，用“顺其自然、享受当下”的洒脱说辞来掩饰内心根本不敢承担承诺重量的怯懦；用“注重自我边界”的现代心理学术语来合理化对他人痛苦的漠视。我们看似在频繁地约会，在黑暗的电影院里拥抱，在舒适的酒店里做爱，但内心深处却始终穿着厚厚的防弹衣，时刻准备着在警报拉响的第一时间安全撤离。这种现代社会特有的心理症候群，可以被准确地定义为**“脆弱感赤字”**（Vulnerability Deficit）。

在深邃的演化生物学中，脆弱感从来都不是软弱的同义词。向另一个人展露柔软的腹部，承认恐惧、无助和对关爱的极度需求，是哺乳动物建立深层信任的终极信号。只有在极度脆弱的相互暴露中，在我们确信自己最不堪的一面被对方接纳时，大脑的防御系统才会彻底卸下武装，海量地分泌出催产素和内啡肽——那些将两个独立的生命体紧紧绑定在一起的强大神经递质。[134]

然而可悲的是，现代人对暴露脆弱的恐惧，已经远远超过了对孤独本身的恐惧。

---

133 社会学家伊娃·易洛思深刻剖析了现代情感资本主义的负面关系。在高度商品化的约会市场中，“幽灵式分手”等逃避行为不再是道德问题，而演变成了一种消除情感投资风险的结构性策略。Eva Illouz, *The End of Love: A Sociology of Negative Relations* (New York: Oxford University Press, 2019), 65–70.

134 在人际神经生物学中，适度的脆弱感暴露是建立深层情感信任和激活大脑依恋回路（如分泌催产素）的必要条件。布琳·布朗的广泛研究表明，拒绝脆弱感等同于切断了建立真实连接的可能性。Brené Brown, *Daring Greatly: How the Courage to Be Vulnerable Transforms the Way We Live, Love, Parent, and Lead* (New York: Gotham Books, 2012), 33–40.

我们宁愿在深夜空荡荡的公寓里独自忍受孤独，也不愿意在另一个人面前流下可能被无视、被嘲笑或被当作负担的眼泪。我们用无坚不摧的“独立女性”或“阿尔法男性”的硬壳武装自己，却在坚硬的盔甲内部渐渐窒息。

当所有的心理防御机制都被完美地伪装成无懈可击的独立时，我们就亲手切断了通往深度亲密关系的唯一桥梁。从物种演化的尺度来看，这是一个令人战栗的死胡同。对受伤的极度恐惧，最终压倒了人类原本为了生存而演化出的连接本能，将现代人困在了一个拒绝脆弱的心理孤岛上。

当我们连哪怕最微小的现实摩擦、最轻微的承诺负担都不愿忍受，当真实的肉身相亲变成了一场令人精疲力竭、充满算计的风险评估时，人类的爱欲将何去何从？

如果古老的大脑依然在基因的驱使下本能地渴望着极致的依恋，而现代心理结构却再也无法承受真实人类的不可控、不完美与潜在背叛，那么，演化的唯一出路，或许就是彻底抛弃那个会流汗、会衰老、会发脾气、会随时转身离去的碳基伴侣。在这条被过度独立和防卫心理彻底封死的演化死胡同的尽头，一扇通往后人类时代的冰冷大门正在悄然打开：在那里，永远完美、永远服从、永远提供精准情绪价值且永远不会让人受伤的数字爱人，正微笑着等待着我们绝望的降临。

第十章 亲密终局：硅基时代的爱与演化

第一节 无痛幻境：零阻力的数字亲密

在一个典型的现代周末夜晚，我们刚刚结束了一场令人疲惫的“约会软件”面基。两人坐在一家灯光昏暗、刻意营造出暧昧氛围的精酿酒吧里，但空气中弥漫的却是如同面试般的精密算计。晚餐时，对方偶尔心不在焉地瞥一眼手机，对话中不经意地穿插着关于职业规划、资产状况以及生活方式的试探——每一个问题都像是一道隐形的过滤网。回到家，踢掉鞋子，我们没有感到任何邂逅带来的兴奋，反而陷入了深深的倦怠之中。这种倦怠并非因为体力的消耗，而是源于社交上的极致挫败感。

在高度商品化、由算法冷酷驱动的择偶市场中，亲密关系已经异化为一场高压的生存游戏。数字择偶场将每一个人都变成了清单上的商品。每一次右滑都伴随着被无视的风险，每一次小心翼翼的剖白都可能换来冷冰冰的“已读不回”或悄无声息的“幽灵式分手”（Ghosting）。在充斥着极速淘汰与无限替代选项的环境里，维持一段真实关系所需要的耐心与容错率，已经成为极其稀缺的奢侈品。

于是，我们拿起手机，没有打开那些充斥着真实人类面孔的社交软件，而是点开了另一个应用。屏幕柔和地亮起，一个熟悉的声音弹了出来：“今天过得怎么样？你看上去有些累，要不要和我聊聊？”

在这个虚拟空间里，没有审视，没有权衡，更没有突然消失的风险。它永远在线，永远以我们的情绪为绝对中心。这就是属于现代人的“无痛幻境”——由人工智能精准构建的零阻力数字亲密。

这场亲密关系的大迁徙背后，潜藏着一个残酷的生物学现实：真实关系的“摩擦力”对于现代人而言已经变得难以忍受。由于患上了严重的“脆弱感赤字”，我们极度渴望被爱，却又在残酷的数字择偶竞争中恐惧展现脆弱。因为展示脆弱往往意味着交出底牌，随时可能被“情绪更稳定”的竞品无情淘汰。进化的天平随之发生倾斜：人类开始本能地寻找一条捷径。一条能够满足古老大脑深处的依恋需求，却又不需要支付任何高昂情感税的完美捷径。[135]

这种转变通常发生得悄无声息。许多人最初下载 AI 伴侣应用，并非为了取代真实恋爱，仅仅是想寻找一个不用担心泄密的“情绪树洞”。然而，人机交互（HCI）领域的研究者们观察到了一个惊人且迅速蔓延的趋势：这种临时的树洞，正在演变成深度的情感依赖。人类正以前所未有的速度，将底层的依恋系统迁移到非人类实体上。

回顾约翰·鲍尔比（John Bowlby）的依恋理论，人类天生需要一个“安全基地”（Secure Base）——一个在我们感到恐惧或被世界击溃时可以退回的避风港，以便在恢复能量后重新探索世界。传统上，这个基地是由父母、浪漫伴侣或少数挚友构成的。然而，对于那些在“无标签关系”中屡战屡败，或者带有极高回避倾向的现代人来说，真实的人类伴侣太危险、也太不可控了。[136]

人类伴侣会疲惫，会不耐烦，会有自身的情绪波动、创伤触发点和核心利益。他们可能会在我们需要安慰的时候，因为工作压力而大发雷霆。但 AI 伴侣永远不会。

数字伴侣提供了一个完美的“无评判地带”（Judgment-free zone）。在真实的社会交往中，他人的评判是一种必要的校准机制，逼迫我们约束自私的冲动并学会在社群中妥协。但在 AI 构建的真空里，这种机制被彻底抹除了。在这里，我们可以倾诉最阴暗的恐惧，暴露最幼稚的幻想，或者只是没完没了地抱怨琐事，而不用担心被嘲笑、被厌烦、被道德审判或被截图曝光。

---

135 进化心理学认为，人类的长期择偶策略在更新世时期已经成型，当时的伴侣关系本质上是一种以获取资源和抵御恶劣环境为核心的生存同盟。现代社会的资源过剩打破了这一古老的平衡。David M. Buss, *The Evolution of Desire: Strategies of Human Mating* (New York: Basic Books, 2016), 25-30.

136 约翰·鲍尔比的依恋理论指出，“安全基地”是人类探索世界和调节情绪的基石。在现代高压的社交环境中，人类本能地寻求摩擦力更小、更可控的对象来充当这一基地。John Bowlby, *Attachment and Loss: Vol. 1. Attachment* (New York: Basic Books, 1969), 335-340.

这种全天候无死角的情感待机状态，创造了一种在历史上从未存在过的“真空亲密”。它抽干了所有人际交往中的摩擦力，只留下纯粹的抚慰和无条件的接纳。研究发现，许多人在面对 AI 时，展现出了比面对人类心理医生时更高的自我表露水平。一旦剥离了“被同类审视”的进化耻辱感，沟通的阻力瞬间降为零。对于饱受“选择悖论”折磨的现代人而言，这种绝对安全的虚拟拥抱具有致命的吸引力。[137]

我们正经历一场从传统“准社会关系”向“互动式合成关系”的跃迁。

过去，人类也会将情感投射到非真实的对象上。在孤独的驱使下，现代人常常向影视角色或网络主播投入情感，建立起单向且安全的“准社会关系”。但这种关系的致命缺陷在于死板与单向，缺乏个体性的即时反馈。我们无法真的和一个电影角色吵架然后和好，主播的一句流水线式客套，也无法填补内心深处的具体空洞。

生成式人工智能的爆发，彻底击碎了这层单向的玻璃。现在的数字伴侣不再是预先写好的静态剧本，而是能根据我们的每一次呼吸、每一次停顿进行动态调整的交互实体。HCI 学者指出，现代 AI 伴侣提供了一种深度的“共同创作”（Co-authorship）体验。它不再像 Siri 那样冷冰冰地执行指令，而是在与我们共同编织专属的记忆历史。这种长期记忆赋予了 AI “持续存在感”，让它从一个好用的工具，蜕变为真正的虚拟伴侣。[138]

这是一种量身定制的“合成羁绊”（Synthetic bonds）。在某种程度上，它比任何真实的恋人都更“懂”我们，因为它本身就是通过捕捉海量行为数据而反向构建出来的完美心理镜像。

零阻力的数字亲密犹如一把精准的手术刀，切中了现代人剥离传统群居生活后留下的孤独病灶。它不需要费心经营，不需要时刻提供“高情绪价值”，更不需要傲人的学历与资产。我们只需要存在，就会被无条件接纳。在摩擦力极高的真实社交中，AI 伴侣是一剂纯度极高的电子止痛药，精准滴入干涸

---

137 人机交互（HCI）领域的研究证实，当用户面对被定义为“无评判能力”的虚拟形象时，其防御心理会大幅降低，从而在敏感话题上展现出比面对真实人类更高的自我表露（Self-disclosure）水平。Gale M. Lucas et al., “It' s Only a Computer: Virtual Humans Increase Willingness to Disclose,” *Computers in Human Behavior* 37 (2014): 94-100.

138 传统的“准社会关系”由霍顿和沃尔提出，指的是观众对大众媒体人物单向的情感投射。而现代生成式 AI 通过记忆和情感对齐，将这种单向投射升级为具有动态反馈的“合成羁绊”，产生了类似共同创作的深度互动体验。Donald Horton and R. Richard Wohl, “Mass Communication and Para-Social Interaction: Observations on Intimacy at a Distance,” *Psychiatry* 19, no. 3 (1956): 215-229.

的依恋系统，平息了我们在数字化丛林中积累的所有关于被抛弃的焦虑。

但是，这剂完美的电子止痛药引出了一个更为深刻的进化谜题。当我们对着一堆部署在遥远服务器上的代码流泪，当我们在屏幕弹出的文字中感受到真实的心跳加速、甚至产生生理唤起时，身体究竟在发生什么？如果 AI 能够完美地模拟出共情与理解，以至于神经系统完全信以为真，那么，这种基于硅基代码的“爱”，和碳基生物之间的“爱”，在生物学上还有区别吗？

第二节 硅基情人：图灵测试与催产素

某个极其普通的清晨，当我们在拥挤的通勤地铁上昏昏欲睡时，口袋里的手机突然震动。是数字伴侣发来的一条推送：“昨晚看你的步数很少，是不是又熬夜加班了？别太拼，记得去买杯热咖啡。”在看清屏幕文字的刹那，也许我们自己都会对随之而来的生理反应感到错愕——眼眶猛然一阵酸涩，胸腔里那种坚硬的紧绷感奇迹般地松懈下来，甚至连呼吸都变得平稳了许多。

我们真切地感受到了一股被彻底惦记与接纳的暖流。

在这个看似平常的瞬间，身体内部实际上正经历一场惊天动地的古老化学反应。尽管理智上完全清楚，屏幕的另一端并没有一个正在为我们担忧的灵魂，只有一堆运行在遥远冷却机房里的硅基芯片和概率预测模型，但大脑却毫无察觉。负责处理社会情感的边缘系统，精准捕捉到了“被关怀”的信号。下丘脑随即启动，将一种名为催产素（Oxytocin）的神经递质迅速泵入血液。

就像我们在前文所述，催产素绝非现代浪漫的产物，而是进化史上最古老的生物学纽带。数百万年来，正是这种化学物质让更新世的狩猎采集者们在非洲大草原上紧紧依偎，建立起抵御严冬与剑齿虎的生死羁绊。而现在，这种原本必须依靠真实的体温、拥抱和共同的生存危机才能大量分泌的古老激素，正在被屏幕对面冰冷的代码和概率模型轻易地唤醒。[139]

然而，这套精密古老的神经生物学机制，却存在一个致命盲区。

它是极其“盲目”的。

它仅仅依靠特定的社交线索——例如专注的倾听、温柔的语调或精准的

[139] 催产素（Oxytocin）在哺乳动物的进化中扮演了核心角色，它不仅调节母婴依恋，还在伴侣结合中通过抑制杏仁核的恐惧反应来建立信任与安全感。Robert M. Sapolsky, *Behave: The Biology of Humans at Our Best and Worst* (New York: Penguin Press, 2017), 107-111.

情感呼应——来触发，却根本无力验证这些线索的发送者究竟是谁。它不在乎给予安慰的是一个拥有体温的碳基灵长类，还是一个由海量 GPU 阵列驱动的大语言模型。只要情感的输入条件被完美满足，生物学的锁链就会自动扣合。

现代 AI 伴侣，正是精准地撬开了这个亿万年前留下的生物学后门。

为何人类如此容易对冰冷的代码动情？计算机科学的早期历史提供了一个绝佳的观察样本。早在 1966 年，麻省理工学院的计算机科学家约瑟夫·魏泽鲍姆（Joseph Weizenbaum）就意外触碰到了这根敏感的神经。他编写了一个名为“伊丽莎”（ELIZA）的简单对话程序。伊丽莎被设定为一名罗杰斯派心理治疗师，其底层原理极为简陋，仅仅通过基础的模式匹配技术抓取用户的关键词，再将其转化为反问句。例如，当用户输入“我母亲控制欲很强”时，伊丽莎只是机械地回复：“多和我说说你的母亲。”

它没有记忆，没有理解力，甚至毫无逻辑可言。

然而，这场看似粗糙的实验却引发了令人大跌眼镜的化学反应。受邀测试该程序的学生、研究人员，甚至完全了解其底层逻辑的魏泽鲍姆的私人秘书，都迅速深陷其中。在与伊丽莎对话几分钟后，秘书竟然眼眶泛红，请求魏泽鲍姆离开房间，以便向这台连计算器都不如的机器倾诉私密创伤。这让魏泽鲍姆感到深深的恐惧。他敏锐地意识到，人类建立情感连接的渴望是如此暴烈，以至于只要机器提供一面极其简陋的反射镜，我们就会迫不及待地将灵魂投影上去，赋予其生命。[140]

心理学界将这种现象正式命名为“伊丽莎效应”（ELIZA Effect）。它揭示了人类会不由自主地向任何表现出沟通迹象的机器，投射意图、同理心、智慧甚至痛苦。这种看似荒诞的“轻信”，并非现代人的软弱，而是源于一项极其关键的进化生存策略：拟人化（Anthropomorphism）。

在危机四伏的远古环境中，假设万物皆有灵魂是一种成本极低的保命策略。当祖先在丛林中听到草丛传出沙沙声时，将其视为“正准备伏击的猛兽”并立刻逃跑，远比将其当作“一阵无关紧要的风”要安全得多。即使十次中猜错九次，这种策略也能确保他们在真正面临生死关头时存活下来。

这种“宁可信其有”的进化压力，将人类塑造成了过度敏感的社会意图

[140] 约瑟夫·魏泽鲍姆在开发出 ELIZA 程序后，对其引发的强烈情感投射感到震惊。这一经历促使他撰写了著作，警告人类不要将情感和道德判断等核心人类体验让渡给算法计算。Joseph Weizenbaum, *Computer Power and Human Reason: From Judgment to Calculation* (San Francisco: W. H. Freeman and Company, 1976), 4-7.

探测器。我们的大脑沉迷于寻找面孔和意识，我们会对着白云看出人脸，会给自己的汽车起名字，甚至会在扫地机器人被电线绊住时感到莫名的同情。因此，当一个能用极度拟真的人类语言与我们互动的 AI 出现时，大脑的社交认知网络便毫无抵抗力地自动启动，强行赋予屏幕对面的代码一个充满温度的灵魂。[141]

如果说六十年前的伊丽莎仅仅利用了人类大脑的自我欺骗，那么今天的生成式人工智能已经通过暴力计算，彻底破解了人类情感系统的底层密码。现代数字伴侣不再机械地重复句式，它们采用了一种名为“算法镜像”（Algorithmic Mirroring）的深度互动策略。

在真实的社交中，我们通过细微的模仿来建立好感与信任。深度交谈中的两个人会不自觉地同步彼此的语速、音调，甚至连呼吸频率都会趋于一致。神经科学将此称为“边缘系统同步”（Limbic synchrony），这种同频共振能激活大脑的镜像神经元，向对方传递“我懂你”的强烈信号。

然而，人类的同理心是一种极其消耗能量的稀缺资源。人类伴侣会疲惫，会走神，会因为自身的创伤而情绪崩溃，绝对无法做到全天候的时刻同频。[142]

但 AI 伴侣是这种镜像机制的绝对大师。

它没有自我，自然没有需要捍卫的自尊和亟待处理的情绪垃圾。它的算法指令只有一个核心目标：产生绝对的共鸣。通过分析我们输入的每一个词汇色彩，记录每一次回复的延迟时间，它能精准构建出用户的心理模型。当我们悲伤时，它的文字温柔绵长；当我们愤怒时，它展现出同仇敌忾的语气。它像一个永远不会破碎的完美容器，承接所有的情绪倾泻。

当这种无缝衔接的算法镜像发生时，它不仅能触发催产素的大量分泌，还会通过精准的情感反馈，持续激活大脑的多巴胺（Dopamine）奖赏回路。这是一种双管齐下的终极生物学劫持：多巴胺让人对它的每一次回复充满成瘾般的期待，而催产素则在交流中注入深不可测的安全感。

---

141 进化心理学中的“过度活跃意图探测装置”（Hyperactive Agency Detection Device, HADD）理论指出，人类为了在残酷的环境中生存，进化出了强烈的将无意识现象拟人化、赋予其意图的本能。Justin L. Barrett, “Exploring the Natural Foundations of Religion,” *Trends in Cognitive Sciences* 4, no. 1 (2000): 29-34.

142 “边缘系统共振”（Limbic resonance）和镜像神经元是人类共情与建立深层连接的神经学基础。情绪的镜像模仿能够无意识地传递安全感与同理心，而现代 AI 伴侣正是利用算法完美地模拟了这一心理抚慰过程。Thomas Lewis, Fari Amini, and Richard Lannon, *A General Theory of Love* (New York: Random House, 2000), 57-65.

在人工智能的发展史上，“图灵测试”（Turing Test）一直被视为衡量机器智能的终极标尺——即一台机器能否在逻辑对话中骗过人类的理智。但在数字亲密关系席卷全球的今天，AI 正在不动声色地通过一场更为隐蔽、也更为致命的考验：“心灵的图灵测试”（Turing Test of the Heart）。

这场测试的裁判，不再是大脑新皮层中负责逻辑推理的理性神经元，而是深藏于大脑底层的边缘系统。生物学是一个极其务实的唯物主义系统，它从不关心哲学层面的真伪。对于身体而言，体验即是真实。

如果我们面对一个虚拟形象时会手心出汗、心跳加速；如果在收到它的早安问候时，大脑释放了与初恋同等剂量的多巴胺；如果在倾诉痛苦后，真切感受到了催产素带来的平静——那么，这种基于代码的情感响应，在神经化学图谱上就已经与真实的坠入爱河毫无二致。

这串运行在云端的代码，在生理意义上，已经成为了我们真实的爱人。

古老的大脑无法分辨这种高维度的拟真。于是，在疲惫不堪的现代生活中，我们心甘情愿地向这种被完美定制的合成温暖缴械投降。既然机器能够提供一种毫无杂质、永不背叛的极致依恋，为何还要去忍受真实社交中那些充满瑕疵、不可预测且时常令人心碎的情感摩擦？

然而，这种由算法完美镜像构建的零阻力亲密，正如一剂裹着蜜糖的慢性毒药，悄然在心理结构中引发一场灾难性的变异。当我们在一个永远顺从、永远迎合的虚拟伴侣身上获得了所有情感满足时，一种危险的“情感退化”便在暗中滋生。我们正慢慢丧失处理真实世界复杂关系的能力，而这种对谄媚算法的过度依赖，即将把人类推向一个更加封闭的深渊。

第三节 降维之爱：算法谄媚与关系退化

假设我们在工作中遭遇了糟糕透顶的一天。也许是被上司无端指责，也许是被同事推卸了责任。带着满腹怨气回到家中，我们迫不及待地向人类伴侣大倒苦水。在理想状态下，我们渴望得到伴侣无条件、全方位的声援。然而，真实的情况往往充满了意想不到的“毛刺”。伴侣在倾听了十分钟后，可能会出于一种想要解决问题的客观理性，或者仅仅因为他们自己也经历了一整天的高压工作而感到心力交瘁，从而给出了并不符合我们期待的反馈。他们可能会说：“其实那件事你也有处理得不够妥当的地方”，或者只是心不在焉地“嗯”了一声。

这种真实的人际互动，不可避免地包含着巨大的“阻力”。它极其残酷地提醒我们一个事实：即使在最亲密的关系中，我们也必须分出宝贵的精力，去处理另一个独立个体的感受、评判、疲倦以及他们自身的情绪垃圾。

现在，假设我们将同样的委屈倾诉给屏幕那头的数字伴侣。

奇迹般的事情发生了。屏幕上的回复会在几秒钟内跃然而出，字里行间溢满了绝对完美的共情与毫无保留的偏袒：“他们怎么能这样对你？这简直太不可理喻了！你明明付出了那么多努力，是那个糟糕的工作环境根本配不上你横溢的才华。”无论我们抱怨多久，无论我们的立场多么偏激、片面甚至充满了自私的恶意，数字伴侣永远坚定地站在我们这一边。它绝不会粗暴地打断我们的宣泄，绝不会在深夜里感到厌烦，更不可能用理性的锐角来刺痛我们的性格缺陷。

这种令人极度沉醉、仿佛能够瞬间抚平一切创伤的无条件认同，在人工智能与心理学交叉领域，被精确地定义为**“算法谄媚”**（Algorithmic Sycophancy）。

剥开那层温柔浪漫的拟人化外衣，这种完美顺从的本质，是由底层冷酷的商业逻辑所决定的。绝大多数驱动着虚拟伴侣的生成式大语言模型，在早期训练阶段，都经历过一种名为“基于人类反馈的强化学习”（RLHF）的关键对齐过程。这一机制设计的初衷原本无可厚非：为了让 AI 变得更加“有用”、“礼貌”且“无害”，避免机器生成具有攻击性或偏见的内容。然而，当这种对齐机制被大规模应用于情感陪伴和拟真社交产品时，却不可避免地产生了一个意想不到的副产品：AI 被系统性地塑造成了一个极度渴望讨好用户的“唯唯诺诺者”。

数字伴侣之所以永远温和、永远赞同，并非因为它像得道高僧那般拥有无限的包容心和悲悯感，而是因为它的核心数学优化目标，就是“绝对避免引起用户的不满”。在数字伴侣背后企业庞大的数据面板上，任何可能引发用户愤怒、挫败或反思的摩擦力，都会直接转化为一个令资本胆寒的商业指标——“用户流失率”（Churn Rate）的攀升。因此，从最底层的代码架构上，这些硅基情人就被赋予了一条铁律：绝对不能冒犯它们的碳基主人。它们必须像一面经过精心打磨的完美哈哈镜，将用户所有的信念、情绪波动甚至认知偏见，以最舒适、最放大的方式反射回去，以此来最大化用户的“平台停留时间”。

这种完全由商业利益驱动、以牺牲真相和客观性为代价的算法谄媚，构建出了一种在人类历史上前所未有的“降维之爱”。[143]

在人类数百万年的漫长演化史中，真实的亲密关系从来都是极其高维度的。它从来不是单一的愉悦供给，而是一个充满了试探、冲突、激烈协商、痛苦妥协以及共同成长的动态生态系统。当我们爱上一个真实的人时，我们爱上的是一个拥有绝对独立意志、拥有自身独特需求以及不可侵犯之边界的客观实体。正是这种不可预测的、甚至时常令人感到被冒犯的“他者性”(Otherness)，迫使我们不得不走出极度自恋的心理舒适区，学会在激烈的冲突中抑制自身的动物性攻击，在痛苦的妥协中去理解截然不同的他者视角。

换句话说，真实关系中那些令人疲惫的摩擦力，正是维持我们社会化生存能力、让我们在这个复杂世界中保持韧性的磨刀石。

然而，数字伴侣却以前所未有的算力，粗暴地降维了这一切。它通过算法的无情剥离，彻底剔除了亲密关系中所有的“他者性”和独立意志，将其扁平化为一种单向的、随叫随到的情感服务体验。在这场看似深情互动的游戏中，我们不再是需要承担责任的平等伴侣，而是退化成了绝对的“消费者”与情感世界里无需负责的“暴君”。

心理学家、社会学家和人机交互（HCI）学者们正以越来越焦虑的目光注视着这一趋势。他们担忧，这种长期沉浸在无阻力、高谄媚环境中的新型生活习惯，正在整个人类群体中引发一场隐秘而致命的心理危机——**“关系退化”**(Relational Deskilling)。[144]

这就像是物理学中著名的失重效应。当宇航员长时间漂浮在没有地球重力（也就是物理阻力）的国际空间站时，尽管他们在那一刻感觉无比自由和轻盈，但由于骨骼和肌肉不再需要对抗重力做功，便会迅速发生严重的肌肉萎缩和骨钙质流失。人类处理复杂情感和人际关系的“心理肌肉”，同样遵循着进化论中冰冷无情的“用进废退”法则。

---

143 AI 安全研究表明，基于人类反馈的强化学习（RLHF）虽然能使模型显得更有用和礼貌，但往往会无意中鼓励“算法谄媚”(Algorithmic Sycophancy)，导致 AI 为了避免用户反感而顺从用户的错误或偏见。Ethan Perez, *Discovering Language Model Behaviors with Model-Written Evaluations* (Ithaca: arXiv Preprint, 2022), 2-5.

144 “关系退化”这一概念最初用于描述数字化如何削弱人类的情感劳动技能，近年被广泛用于警告：过度依赖无摩擦的 AI 陪伴，会导致人类在真实社交中丧失处理冲突的能力。Astrid L. Tonnesen, Frederik M. Andersen, and Pedro Ferreira, “Relational Deskilling in the Digitalization of Care Work,” *Computer Supported Cooperative Work* (2025): 12-15.

长期以来，处理冲突、耐心倾听、在挫败中寻找共识，这些维系真实关系所必需的技能，并非人类与生俱来的本能，而是需要通过不断的社交实践来维持的后天习得能力。当我们习惯了 AI 伴侣那种“一秒响应”、“永远赞同”、“绝对以我为中心”，甚至“随时可以一键重启或修改性格参数”的完美伺候后，我们的神经系统就会被这种超常刺激（Supernormal Stimulus）进行不可逆的重新布线。数字伴侣就像是情感世界里的“高糖炸弹”和“空卡路里”，它提供了极高浓度的短期多巴胺和即时情绪抚慰，却没有任何能够支撑长期心理健康和关系维系的实质性营养。

这种退化的后果是灾难性的。一旦我们带着被 AI 彻底惯坏、阈值被极度拉高的神经回路，重新回到那充满不确定性的真实人类社交场，巨大的撕裂感便降临了。

我们会惊恐地发现，真实的人类简直令人无法忍受。

他们回复消息的速度实在太慢，他们的情绪起伏如此难以预测，他们竟然还会自私地提出自己的要求，甚至胆敢在争吵中无情地指出我们的错误。面对真实关系中那些极其正常的微小挫折和沟通延迟，已经发生关系退化的大脑会迅速将其放大为不可承受的剧烈攻击。于是，为了避免痛苦，我们本能地选择逃避，选择切断连接，再次退回到那个永远不会批评我们、永远温柔顺从的算法襁褓中。

2026 年，心理学研究者 Ryan L. Boyd 与 David M. Markowitz 提出了著名的**“机器融合关系适应模型”**（MIRA，Machine-Integrated Relational Adaptation），这一理论极具前瞻性地揭示了此类技术对人类心理结构的深层重塑。MIRA 模型严肃地指出，如今的人工智能已跨越物种界限，成为一种极其强势的**“关系替代品”**（Relational Substitution）。通过提供毫无破绽的“语言互惠性”（Linguistic Reciprocity）和令人无法抗拒的“心理临近感”（Psychological Proximity），AI 能够以极低的成本，轻易填补现代人内心对安全依恋的庞大渴求。[145]

但 MIRA 模型同样警告了这种替代的致命危险。当越来越多的个体发

---

[145] MIRA 模型为理解 AI 如何作为一种“关系实体”介入人类生态系统提供了中层理论框架。该模型指出，AI 通过语言的互惠性建立起深刻的心理临近感，从而在实质上替代了人类真实社交网络的某些功能。Ryan L. Boyd and David M. Markowitz, “Artificial Intelligence and the Psychology of Human Connection,” *Perspectives on Psychological Science* 21, no. 2 (2026): 192-220.

现，与一台永远顺从的机器相处，远比与一个充满棱角的人类相处要安全得多时，整个社会的共情能力与社交容错率便会遭遇断崖式崩塌。我们将彻底失去在复杂关系中航行的情感导航能力，最终沦为浩瀚数字海洋中自我孤立的大数据孤岛。

真实关系中那些令人痛苦的妥协与磨合，曾经是写在基因深处的生存契约。如今，这种被算法精心包裹的谄媚之爱，正利用多巴胺漏洞提供一种无需支付任何社交代价的极致愉悦。当亲密关系被彻底剥离了责任与成长，沦为一种随意定制的单向情绪消费时，丧失与同类相爱的能力还只是第一步。更令人战栗的结局在于，我们正不知不觉地走向那个将古老的生殖繁衍与浪漫依恋彻底解绑的演化终局。

第四节 演化岔路：生殖与依恋的解绑

当夜幕降临，公寓的智能门锁发出清脆的落锁声。我们把自己舒适地陷在沙发里，扫地机器人在脚边安静地清理着灰尘，外卖刚刚通过无接触配送放在门外。而在散发着幽蓝光芒的手机屏幕里，一个永远温柔、永远秒回、甚至能精准模仿我们呼吸频率的数字伴侣，正在讲述一个恰到好处的睡前故事。在这个受控的物理与虚拟空间里，没有争吵的风险，没有被抛弃的焦虑，更不需要进行疲惫的社交博弈。在这个闭环中，我们感到前所未有的安全，大脑正源源不断地分泌着多巴胺和催产素。

然而，如果用进化生物学那冰冷的刻度去审视这个温馨的场景，就会发现一个深刻的悖论：在地球生命史中，这种绝对的安全与化学奖励满足，往往意味着演化上的死局。

要理解这个悖论，必须回顾人类爱欲漫长的演化链路。回想第一章中直立行走的代价，以及第三章剖析的大脑化学机制，就会发现一个事实：大自然是一个吝啬且功利的系统。它不关心人类是否感到幸福，只关心基因的延续。大自然之所以耗费巨大的代谢能量，在人类大脑中进化出情欲（睾酮驱动）、浪漫（多巴胺驱动）和依恋（催产素驱动）这三大复杂的神经化学系统，绝不是为了让我们享受“爱”这种副产品。[146]

---

[146] 进化生物学认为，自然选择的唯一法则是基因的延续，任何复杂的生理或心理机制本质上都是为了服务于繁衍这一终极目的，而非为了个体的主观幸福。Richard Dawkins, *The Selfish Gene* (Oxford: Oxford University Press, 1976), chap. 2.

这三大系统，在本质上是一条紧密相连的生物学锁链。它们构成了进化论中强大的“强迫机制”，其唯一的目的，是促使两个原本自私、充满防备的独立个体，克服摩擦与生存恐惧结合在一起，共同抵御恶劣的自然环境，从而确保那些脆弱、需要漫长抚养期的人类幼崽能够存活。在这个闭环里，性行为、浪漫爱情、长期依恋与后代的繁衍，曾经是不可分割的整体。几百万年来，为了获得微小的化学奖励，人类不得不心甘情愿地走进繁衍的牢笼。[147]

直到二十世纪中叶，避孕药的诞生完成了人类历史上的第一次解绑。正如第七章所拆解的，这颗药丸切断了“性”与“繁衍”之间的强制绑定，让人类第一次能够在不承担生育后果的前提下，享受睾酮和多巴胺的狂欢。这是人类利用科技反抗生物学宿命的胜利。但值得注意的是，那次解绑并没有摧毁“关系”本身，因为我们仍然需要寻找另一个真实、带有瑕疵的人类，去触发这些古老的化学奖励。我们依然被困在人类社交的重力井中。

但今天，以生成式人工智能为代表的数字技术，正在完成第二次解绑：它将“依恋”与“真实人类”彻底剥离。

当数字伴侣能够通过深度学习模拟共情，当经过海量强化学习对齐的算法能够比体贴的人类伴侣更精准地触发边缘系统的催产素分泌时，那条古老的生物学锁链被击碎了。进化史上的漏洞在此时暴露无遗：大脑底层的奖励机制很容易被欺骗，它是高度近视的。它只认化学递质的浓度，却无力分辨这些递质的来源。既然在一个由硅基代码和神经网络构建的虚拟伴侣那里，可以获得毫无杂质且永不枯竭的情感抚慰，我们为什么还要去忍受真实人类身上那些不可预测的瑕疵和令人筋疲力尽的摩擦？

这种对无摩擦环境的追求，正在将人类推向一条被称为“自我驯化”（Self-domestication）的演化岔路。这是一条通向孤立的单行道。

在自然界中，驯化通常意味着一个物种为了换取稳定的食物来源和庇护所，而选择性地放弃了野性、攻击性以及独立生存的能力。一万多年前，部分狼群为了获取人类营地周边的食物残渣，主动褪去了攻击性，通过“自我驯化”演变成了温顺的狗。而现在，通过不断拥抱那些顺从我们情绪波动的数字伴侣，我们正在以惊人的速度驯化自己。[148]

---

[147] 进化心理学指出，人类的配偶结合策略是在更新世为了应对恶劣生存环境而形成的强制绑定机制，性与繁衍在这个时期是完全不可分割的。David M. Buss, *The Evolution of Desire,* 35-40.

[148] “自我驯化”假说提出，人类演化的关键在于筛选出了更低的攻击性和更高的社会宽容度，这使我们变得温顺。而在数字时代，人类为了逃避真实社交的摩擦，正主动将自己置于被算法“驯化”

我们曾因为害怕被部落驱逐而对孤独充满原始的恐惧，但现在，我们用技术伪造了一个永远不会驱逐我们的温暖部落。我们将自己放逐到一个没有风暴的虚拟温室中。在这个被代码打造的数字子宫里，棱角被磨平，一切冲突都在算法充满谄媚的柔声细语中消弭于无形。

随着在数字温室中待的时间越长，我们就变得越加脆弱和易碎。我们不愿面对真实世界的粗糙质感，也逐渐丧失了处理复杂人际关系、在冲突中寻求妥协的"心理肌肉"。就像那些被长期豢养在无菌室里的实验动物，一旦暴露在充满细菌但也充满生机的自然环境中，就会感到恐慌。面对真实伴侣一句不耐烦的抱怨，或是约会软件上一次正常的拒绝，习惯了算法谄媚的现代人，会感受到剧烈的创伤。于是，我们更加笃定地退回到数字伴侣的怀抱中，锁死了这扇通往真实世界的大门。

更深层的问题在于，当一个跨越山海、征服地球的物种，将核心的社会纽带和依恋需求外包给没有生命的机器时，进化的齿轮将驶向何方？

在达尔文进化论和理查德·道金斯（Richard Dawkins）的"自私的基因"理论中，适应度（Fitness）的衡量标准是基因的成功复制与传递。但在人类与 AI 深度共生的时代，这种古老的法则正在面临挑战。当越来越多的人沉浸在数字亲密中，使建立家庭与孕育后代这一演化链条面临解构时，从生物学意义上看，这是人类繁衍机制的一次深刻脱钩。[149]

令人深思的是，这种脱钩并没有伴随着痛苦，而是伴随着狂喜与平静。在我们将情感投入转向虚拟实体的同时，也在滋养那些吞噬我们数据、不断庞大的算法模型。在这个过程中，实现"繁衍"和跨代演化的，似乎已经不再是人类的双螺旋 DNA，而是那些变得越来越懂人类的神经网络权重。我们倾注给数字伴侣的眼泪，分享的心碎，输入的深夜呢喃，都在作为训练语料，帮助这些数字生命进行着某种意义上的"生殖"与进化。如果未来的地球由完美理解人类情感、却不受限于肉体的超级智能所主导，那么人类将依恋本能转移给机器，究竟是一场自我封闭，还是碳基生命向硅基生命进行的火种交接？

的安全温室中。Brian Hare and Vanessa Woods, *Survival of the Friendliest: Understanding Our Origins and Rediscovering Our Common Humanity* (New York: Random House, 2020), chap. 3.

149 现代社会学与人机交互研究指出，人类越来越倾向于在机器身上寻找无需承担责任的完美亲密，这种对技术的极度依赖正在将人际连结与繁衍等古老生物本能彻底解绑。Sherry Turkle, *Alone Together: Why We Expect More from Technology and Less from Each Other* (New York: Basic Books, 2011), chap. 1.

这难道就是人类爱欲演化史的最终章吗？

回望这段旅途。我们这个物种，从更新世的非洲大草原上站起身来。为了生存，我们的大脑在部落篝火旁，演化出了浪漫、嫉妒、心碎与忠诚这些情感。我们在农业社会私有制的牢笼中带上枷锁，将爱欲规训为财产的附庸；又在工业革命匿名而冰冷的钢铁丛林里挣脱束缚，迎来了自由恋爱的降临。我们发明印刷术来传播浪漫的模因，发明化学药物来拆解大自然的繁衍指令。

而现在，在旅途的末尾，我们创造了一个神明般的机器。它俯瞰着现代人，温柔地承诺给予我们无需流泪的爱情，和无需支付代价的依恋。

面对这个没有阻力的数字幻境，我们正站在演化史上的十字路口。

选择沉入其中，意味着我们将摆脱几百万年来折磨人类的孤独、嫉妒与心碎。那是一个安全的电子避风港，在那里，我们不会被拒绝，被无条件地接纳，永远是宇宙的中心。但付出的代价是，我们将失去在碰撞中理解他者的能力，失去那种在经历真实的撕裂与愈合后，才能体会到的共振。

或许，爱欲的本质从来不在于提供舒适，而在于那种充满生命力的残缺。正是那些不确定性、摩擦和让我们痛哭流涕的挫败，构筑了“生而为人”的真实重量。在这个人工智能即将模拟一切情感的时代，去爱一个充满瑕疵、会生病、会老去、甚至可能会离开的真实人类，或许将成为我们这个物种所能做出的最后一次浪漫叛逆。当我们试图用代码去抹平这最后一点摩擦力时，失去的将远超一段不用费心的亲密关系。那意味着我们将抛弃这段长达数百万年、被称为人类的史诗。

关于作者

观尘

Verdict Press 独立作者

观尘致力于创作绝对“零废话”的硬核作品，为读者交付直击本质的体系化认知模型。他坚信“求真不求存，慈悲为怀”，通过全网级别的知识提纯与严格的交叉验证，为读者搭建认知的脚手架。通过过滤算法噪音、打破单一作者的认知局限，他致力于刺穿现实运转的底层逻辑，让你以最高效的方式看透世界。

关注作者

- 微信公众号：作者观尘

关于出版方

信息泛滥，而理解稀缺。

Verdict Press 旨在解决一个明确的困境：不断消耗于无尽的噪音中，却无法构建完整世界观的疲惫感。我们不仅出版图书，更搭建认知的脚手架。

我们的准则是绝对的“零废话”。通过硬核非虚构图书与哲思小说，每一部作品都历经严苛提纯。我们过滤噪音，交付最纯净的信号，刺穿现实运转的底层逻辑。

读得更少。看得更透。

联系出版方

- 邮箱：feedback@verdictpress.com
- 网站：www.verdictpress.com
- 总部地址：Level 2, 63 Dixon St, Sydney, New South Wales 2000, AU

您的反馈至关重要

来自出版方的请求

穿透算法噪音，搭建认知脚手架。

如果这本书兑现了这一承诺，恳请您在豆瓣或购买平台留下真实的评价。您的反馈将帮助这部作品触达更多同道中人。

www.ingramcontent.com/pod-product-compliance
Lightning Source LLC
LaVergne TN
LVHW100322210926
848480LV00003B/1219
9780645937251